U0235455

凯拉·桑德斯狗狗训养系列

Dog Training 101

新手训狗，
一本就够了

新手宠主的 **71** 堂狗狗训养课

（美）凯拉·桑德斯 著

王冬佳 译

化学工业出版社

·北京·

Dog Training 101：Step-by-Step Instructions for Raising a Happy Well-Behaved Dog, 1st edition by Kyra Sundance

ISBN 978-1-63159-310-9

Copyright©2017 Quarto Publishing Group USA Inc.

Text©2017 Kyra Sundance

Published by agreement with Quarry Books, an imprint of The Quarto Group through CA-LINK International LLC.

本书中文简体字版由Quarto Publishing Group USA Inc.授权化学工业出版社独家出版发行。

本书中文简体版权通过凯琳国际文化版权代理引进。

北京市版权局著作权合同登记号：01-2019-3391

图书在版编目（CIP）数据

新手训狗，一本就够了 /（美）凯拉·桑德斯（Kyra Sundance）著；王冬佳译.
—北京：化学工业出版社，2019.9（2024.4重印）

（凯拉·桑德斯狗狗训养系列）

书名原文：Dog Training 101：Step-by-Step Instructions for Raising a Happy Well-Behaved Dog

ISBN 978-7-122-34878-4

Ⅰ.① 新… Ⅱ.① 凯… ② 王… Ⅲ.① 犬-驯养 Ⅳ.① S829.2

中国版本图书馆CIP数据核字（2019）第142958号

责任编辑：王冬军　张丽丽　葛若男　　　　　　　　封面设计：红杉林文化

责任校对：杜杏然

出版发行：化学工业出版社（北京市东城区青年湖南街13号　邮政编码100011）

印　　装：北京利丰雅高长城印刷有限公司

787mm×1092mm　　1/16　　印张11　　字数256千字

2024年4月北京第1版第3次印刷

购书咨询：010-64518888　　　　　　　售后服务：010-64518899

网　　址：http://www.cip.com.cn

凡购买本书，如有缺损质量问题，本社销售中心负责调换。

定　　价：59.80元　　　　　　　　　　　　版权所有　违者必究

写在前面的话

狗狗作为家庭中的一员，能够从诸多方面丰富我们的生活：给予我们陪伴与爱，和我们愉快玩耍，总是为我们带来欢乐与热情。

不过说实话，它们也会给人带来压力、沮丧，会把家里弄得一团糟。我们可不想那样。本书的目的就是针对狗狗的坏毛病、坏习惯提供一些实用的解决、纠正或管理措施。在这里，你将学会如何在房间里设定界限，并禁止狗狗跨越（详见第62页）；学会如何教狗狗尊重孩子及其他动物成员（详见第20～22页）；学会如何通过可控的方式同时给好几只狗狗喂食（详见第58页）。你还将学会运用逆条件作用（被广泛用于治疗恐惧）与积极的重新定向方式帮狗狗克服心理恐惧（或者纠正狗狗爱攻击人的毛病）。你还将学会教狗狗一些基本的日常指令，例如"过来""回去"和"放下"。

作为新手宠主，你将通过本书学会运用积极的训练方式与狗狗建立快乐的和谐关系。在训练过程中，狗狗是一位愿意配合你的搭档。通过进一步的交流、信任以及互相尊重，你将与狗狗建立起紧密关系。当你与狗狗朝着共同的目标努力时，这些训练就会在你们之间搭建一种联系的纽带，在此过程中建立起的信任与合作精神将永远陪伴着你们。

希望这本书能加深你与狗狗之间的感情，能激励你"跟狗狗收获更多！"

目 录

你拥有朋友、工作和娱乐生活，而你的狗狗却只有你。你就是它的生命、它的至爱、它的一切。

——凯拉·桑德斯

第 1 章

狗狗来新家之前

狗狗作为家庭新成员，在到来之前，你可以按照本章所讲的内容提前布置好家里的环境。这里所谓的环境不仅包括家里的硬件条件，还包括相关规矩以及一定的情感氛围。

首先，狗狗到来之前，要按先后顺序对家里的环境做一下布置。第一件优先考虑的事就是要做好防护措施，以防一不留心新来的狗狗偷偷跑出去。

接下来，要留意一些安全隐患。看看有没有狗狗可能会吞咽、踩踏、撞倒、被割伤或助跳的东西，等等。

下一项任务就是要为狗狗搞好环境卫生。打扫、消毒并且清理垃圾废物。

最后，要保证狗狗的新家更舒适。包括适宜的温度、柔软的床以及足够的活动空间。

给狗狗营造安全舒适的生活环境

恭喜你有了一名新的狗狗家庭成员！身为宠主，此时的首要职责就是保证狗狗的安全，为它提供安全保障，营造舒适的生活环境。在狗狗还没进新家之前，请一定花点时间落实好以下的每一项职责。

第1步：做好防护措施

为狗狗检查新家环境时，首先要做好防护措施——以防狗狗跑丢或者其他动物与人的闯入。

针对大型犬需建2米高的围栏，即便如此，有些狗狗还是有可能会跃过围栏。狗狗可是个鬼精灵，知道找东西作为垫脚石，借此从围栏里跳出去。

此外，狗狗们还时常会在围栏下面刨一个深坑，从底下钻出去。

最好在家门口再设一道围栏，即便第一道围栏不小心遭到狗狗"越狱"，也好确保有双重保险。

第2步：安全

检查一下周围环境中任何可能对狗狗造成伤害的东西。包括有毒的物品和食物（详见第160页）、松动的钉子、电线以及狗狗可能会吞掉的尖利的树枝或骨头（详见第159页），还要小心那些可能会攻击幼犬的猛禽、郊狼或者浣熊之类的动物。同时，留意一下有溺水危险的地方，例如岸边陡直的池塘等，狗狗一旦掉进去不容易爬上来，有溺死的危险。狗狗还有可能会卡在房屋的地下沟槽里出不来，也有可能会遇到蛇。

再有，环境温度也会对狗狗造成威胁。夏天的时候，狗狗需要阴凉和新鲜的水；天冷的时候，狗狗需要待在温暖、有暖气的屋子里。为了狗狗的安全与舒适，晚上应该让它在屋里过夜。

第3步：保持卫生

解决了狗狗生活环境中的防护与安全问题，接下来，就要重点解决卫生问题。狗狗之间能够通过日常所用的水碗传播病毒，也可通过日常如厕区域的便便传播疾病。如果同时有几只狗狗生活在一起，就应该对狗狗日常接触的地板进行每日清理并消毒。

为了防止狗狗的水碗发霉，滋生细菌，应对其进行每日清理。狗狗的食物则需要保存在密封容器中，以便保证食物的新鲜，同时也可避免招来蚂蚁或者小虫子。

狗狗睡觉的时候身边总要放些玩具，这些玩具也要定期清洗（用洗衣机或者洗碗机清洗）。

每天要清理狗狗的垃圾与排泄物。

第4步：舒适的环境

为狗狗营造了安全、健康的环境之后，我们接下来要做的就是让狗狗有一个舒适的生活环境。要有一张柔软的床，有遮盖的东西，还要有足够的活动空间。此外，要是狗狗便便的地方有草或泥土就更好了。

到了冬天，若是地面上有冰霜，可以给狗狗穿上衣服和鞋子。

你需要了解的事情

做好心理准备

狗狗可能会情绪低落，也可能会利用便利条件把主人要得团团转。这种时候，切不可惊慌失措，事先一定要做好心理准备，静下心来，谨记以下几项规则。

规则 1: 立规矩

对待狗狗，一定要用规矩说话，所谓的规矩要具体、清晰，而且狗狗能够做到——与此同时，相应的结果要直接明了，能让狗狗明白其中缘由。

规则 2: 态度坚定

目标明确。实现目标的过程中态度要坚定，不要背弃你的决定。

规则 3: 正向强化激励

狗狗表现得好，就要给予奖励，因此，需要建立一个奖励机制。请主人们谨记，不要死盯着问题不放，而是要找到解决问题的方案。务必帮狗狗养成一种积极的、良好的行为模式。

规则 4: 关注也是一种奖励

主人们一定要明白，对狗狗的关注其实是一种高效的奖励方式。狗狗表现好的时候要给予关注，作为对它的奖励，表现不好的时候就取消这种关注。

规则 5: 训诫

训诫不是惩罚，也不具伤害性，它是对规矩的一种相对柔和的强化。训诫能够帮助主人和狗狗形成一种清晰、一致的认知模式，让双方很好地理解什么是期望行为与行为结果。

规则 6: 谅解

不要针对狗狗的错误行为抓住不放，要学会解决并谅解。要给狗狗"改过自新"的机会。

其他家庭成员要准备承担新责任

狗狗还没来到新家之前，跟家人商量好由谁来负责照顾这位新的家庭成员。狗狗需要的不只是带它出去散步、给它吃的东西、陪它玩，还需要所有家庭成员的爱与接纳。

组建一支喂养团队

虽然这件事不用立即着手处理，不过，终究你还是需要找其他一些人来满足狗狗在生活中的一系列需求。这些人的任务包括以下几种：

☐ **宠物医生**
狗狗的一生都要坚持定期打疫苗。

☐ **紧急宠物医院**
弄清楚附近哪家宠物紧急抢救诊所是 24 小时值班的。

☐ **宠物保险**
给狗狗买一份医疗保险。

☐ **宠物美容师**
狗狗做美容的时候，主人们要陪在旁边，以掌握即时情况。

☐ **宠物保姆**
主人外出度假时，专业的宠物保姆会来到家里照顾狗狗，必要的时候还要住在家里。

☐ **临时寄宿**
注意询问狗狗跟其他狗狗在一起时的表现，观察它与其他狗狗打架的频率。

☐ **参加训练课程**
即使是刚出生的幼犬都需要参加训练课。

☐ **信得过的朋友**
请主人们事先找好一位紧急情况联系人。

为狗狗准备好日常用具

　　狗狗来到新家之前，其日常用具都要准备齐全，为它提供一个舒适稳定的环境，以下是一些要点。

饮食

☐ **食物**

一开始，一定要给狗狗吃它习惯了的食物。之后再慢慢地换成不带颗粒或谷壳的食物。

☐ **零食 / 饼干**

不能含糖、玉米糖浆或是甘蔗糖浆。

☐ **可食用的骨头**

不能给狗狗吃真的骨头，因为锋利的骨头碎片很有可能会划伤狗狗的嘴巴或喉咙。可以长时间啃咬的可食用的骨头才是适合狗狗的。

☐ **狗咬胶**

通常情况下，有了狗咬胶，狗狗就不会啃咬家里的鞋子或家具了。不过要注意的是，有些狗狗可能会把大块的狗咬胶吞掉，造成肠道堵塞。

☐ **新鲜的饮用水**

如果把狗狗放在室外，请在水龙头处安一个足够大的吸水器，这样狗狗便可以自己喝到新鲜的水。

☐ **饭碗和水碗**

不锈钢碗能够防止细菌的滋生。

项圈 & 牵引绳

☐ **项圈**

平滑、带扣的项圈安全系数最高，而能自动脱落的项圈（快开扣项圈）则能够防止狗狗不小心被勒到。若狗狗用的是可调节式或链式的项圈，请主人们千万要多加留意。还要注意的是，狗狗有时会跳到铁丝网围栏上，项圈很容易被挂住。

☐ **牵引绳**

牵狗狗的时候，狗狗会拉拽绳子。这时，皮革编织的牵引绳或带有背带的牵引绳比平滑的尼龙牵引绳要更容易掌控得多。

☐ **背带或嘴套式牵引**

对于那些活泼好动、喜欢拉拽绳子或者脖颈敏感不让碰触的狗狗来讲，背带或嘴套式牵引要比项圈更合适。

☐ **车载安全带或其他限制措施**

考虑到安全问题，狗狗上车要系安全带，或者被拴在门边，也可以待在狗笼中。只是把狗狗放在皮卡后面而不加任何约束的行为是违法的。

☐ **身份标识牌**

狗狗的项圈上都应刻上永久性的身份标识信息。

☐ **微型芯片**

请你的兽医在狗狗肩胛骨的位置植入一块米粒大小的身份识别芯片，这样今后所有兽医或任何一家动物收容所就可以通过扫描这种芯片来识别狗狗的身份。

☐ **养狗许可证**

狗狗都要办一张官方许可的证件。办狗证的前提条件是要给狗狗接种狂犬疫苗。

☐ **嘴套**

若你养的是一只攻击性较强的狗狗，则需要给狗狗戴上嘴套，再者，遇到紧急情况时，嘴套也很有用，例如在狗狗身体不舒服时，若此时有人招惹狗狗，它就很有可能会咬伤人。

☐ **锥形项圈 / 伊丽莎白圈**

锥形项圈可以用来防止狗狗舔舐伤口。

美容工具

☐ **狗狗专用洗发香波**

　人用的洗发香波刺激性太强,因此不适合狗狗。

☐ **美甲**

用狗狗专用的手动修甲工具或是电动修甲工具。

☐ **耳朵清理**

狗狗耳朵感染是常见现象。要定期做清理,以防耳垢存积。

☐ **刷子**

短毛狗狗适合用软毛刷,长毛狗狗则适用硬毛刷。

☐ **牙刷和牙膏**

小型犬不刷牙则容易造成牙齿脱落。橡胶手指套牙刷效果很好。狗狗的牙膏通常带有肝脏味道或花生酱味道。

☐ **在狗狗便便的地方撒上化学药物**

狗狗喜欢在有尿液味道的地方尿尿。

☐ **急救用品**

消毒剂、消炎软膏、止泻药、苯那君(伤风抗素剂的一种)。

☐ **收纳袋**

要选择可生物降解的袋子。

☐ **垃圾罐**

准备一只铲子和罐子,以盛装狗狗的垃圾与排泄物。

床和狗舍

☐ **狗舍**

空间要足够大,狗狗能在里面站起身来,能够自由转身。

☐ **床铺(多布置在几个房间)**

柔软、干净的床铺能为狗狗营造一种舒适的居住环境。

☐ **游戏围栏**

狗狗可以临时待在比狗舍大的围栏里,活动起来更方便。

训练工具

☐ **苦味喷雾**

为了防止狗狗啃咬,主人们可以在物品上喷上苦味喷雾。

☐ **基座**

狗狗的房舍应有一块小型的、高于地面的平台。

☐ **玩具**

狗狗应该有一个能够咀嚼的玩具、一个带有食物味道的玩具、一些可以撕咬的玩具以及可以拖拽的玩具。

第 2 章

轻轻松松适应环境

欢迎狗狗来到新家！无论对于狗狗来讲，还是对于其他家庭成员来讲，狗狗的到来都可谓家里一次大的变化。通过减少狗狗的压力，并且构建相关规则和规矩，让狗狗舒舒服服开始新生活，进而顺利融入这个家庭。

把狗狗带回新家，你的首要任务就是保证狗狗的安全、舒适，让它有一个良好的精神状态。

一定要记住，温柔地对待狗狗并不会造成长期不良影响；日后，你可以好好管教它。不过，若是起初对它太苛刻——总是管制它或造成狗狗内心的惧怕——那么，可能会对它的一生都造成负面影响。所以，一定要宽容、耐心，为一段良好关系奠定一个基调。

本章内容将通过项圈、牵引绳、犬舍和指定便便地点等方式平和而稳步地给狗狗逐步设定规矩。

熟悉项圈或背带

训练内容：

狗狗的项圈和背带不仅是一种有效的工具，还是一种驯养有素的象征。要想给狗狗留下积极美好的印象，这是第一步。千万不要戏弄它，不要强迫它，更不要失去它对你的信任。

项圈

① 先在狗狗的橡胶玩具（例如 Kong 玩具）里放些花生酱，吸引它的注意。

② 在它的脖子上抓痒，让它习惯你去触碰它的脖子。

③ 趁它还在舔食花生酱的时候，找准时机把项圈套在它脖子上。

④ 戴上项圈后，赶紧带它去散步或陪它玩球或做一些其他事情，把它的注意力从项圈上转移开。

背带

① 先将背带孔从狗狗头上套过。

② 将护背位置系好。根据背带的不同款式，你可能还需要将狗狗的一只腿抬起来，穿过袖孔。把另一边的扣子扣住。

预期效果：

绝大多数狗狗都能轻而易举地戴上项圈，不过，有些狗狗会吓得不敢动。这时，分散狗狗的注意力是最好的办法。

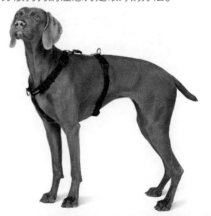

训练步骤：

戴项圈

① 在狗狗的橡胶玩具里抹上花生酱。

② 给狗狗的脖子抓痒。

③ 给它戴上项圈。

④ 立即活动起来，分散它的注意力。

系背带

① 先将背带孔套过狗狗的头。

② 让狗狗的一条腿伸进背带的一只袖孔中，在另一侧扣上背带扣。

熟悉牵引绳

训练内容：

牵引绳是将你与狗狗连接在一起的纽带，它不仅起到约束的作用，还是你们俩之间的沟通渠道。一定要重视它，并且你还要知道，猛然地拉拽绳子相当于对狗狗的一种惩罚：这并不是有效的沟通，而是一种消极的控制方式。

① 在狗狗吃饭时，趁它的注意力在别的地方，可以选一个恰当时机让狗狗见到绳子。把绳子拿过来，放在地上。注意，让绳子和食物同时出现，这样，狗狗便会对绳子产生积极的联想。

② 有些狗狗见到绳子会停在原地一动不动。遇到这种情况，你可以拿点吃的东西，鼓励狗狗往自己这边走几步。一旦它做到了，要奖励性地带它出去散散步。

③ 系上绳子后，有些狗狗的反应就像上钩的鱼儿一样，有的还会激烈反抗。这时，既不能让狗狗惧怕、沮丧的情绪升级，也不能因为它反抗而松开绳子（这样一来，只要一系上绳子，它就会反抗）。相反，要试着用食物、游戏或者散步等方式去分散它的注意力。

预期效果：

绝大多数狗狗都能心态平和地接受牵引绳。如果你的狗狗是个例外，不停地反抗或者一动不动的话，请不用担心，这个状态只会持续几分钟，过几天，狗狗的这种反应便会逐渐消失。

训练之前

要在一个有限的空间里让狗狗熟悉牵引绳，毕竟，你不会愿意看到自己的狗狗抓狂的样子，更不愿意拿着绳子到处追着它跑！

疑难解答

狗狗来新家多久之后才能带它熟悉牵引绳呢？

来新家的第一天有些勉强，不过，到了第二天，狗狗就要做好准备了。

注意！

千万不要把绳子缠绕在你的手上，因为这样很容易伤到手，甚至会导致骨折。

训练步骤：

① 在狗狗吃饭的时候让它熟悉绳子。

② 如果狗狗系上绳子一动不动，你可以拿零食鼓励它。之后，可以奖励性地带它出去散步。

③ 如果狗狗一直反抗，试着想办法转移它
的注意力，而不是把绳子解开。

训练内容：

训练狗狗进犬舍的过程其实就是教它熟悉犬舍、放心在犬舍居住的过程。狗狗是一种习惯住在窝里的动物，如今，犬舍取代了狗窝，它能帮助狗狗找到安全、被保护与舒适的感觉。旅行的时候，犬舍也能派上用场，它不仅能保证狗狗的安全，起到约束的作用，还能让狗狗在陌生的地方找到些许的安全感。刚把小狗狗带回家的时候，犬舍可以帮狗狗适应新环境，也可以帮它缓解从一个家搬到另一个家的紧张情绪。

① 保证犬舍的舒适度。你可以将它原来家中犬舍里的一些东西带过来，例如水、玩具、塞满花生酱的Kong玩具、滴答响的闹钟以及热水瓶。最初的几晚，要把犬舍安置在主人的床边。

② 睡觉前，试着让狗狗感到疲惫，还要带它上厕所。你也可以在天快亮的时候再给它水喝。

③ 事先在犬舍里放些吃的，这样狗狗自己就会进到犬舍里。（千万不要强迫狗狗接近它害怕的东西，因为这会加剧它的恐惧感。）

④ 把犬舍门关上，轻轻地蹲下，让狗狗知道你就在房间里陪着它。

⑤ 狗狗吠叫的时候不要放它出犬舍，否则，它一想要出来就会大叫。

⑥ 遇到上述情况，等狗狗安静下来再把犬舍门打开，让它出来以示奖励。

预期效果：

绝大多数狗狗很快就会爱上自己的犬舍，而且，当它们想独自待着的时候就会自觉进到犬舍里去（例如家里很吵闹的时候，或者孩子多的时候）。这时候，一定要让狗狗进到自己的空间里，只要它进到犬舍里，就请不要去打扰它。

训练之前

让狗狗进犬舍，最好选一个提示语，例如"进窝！"

疑难解答

我家狗狗不停地发出呜呜声，我猜它是想去厕所了。

晚上睡觉前，如果你没喂它水喝，而且还带它去过厕所，那么，狗狗或幼犬在犬舍里待一整晚是没问题的。不过要注意……它一出来就会想上厕所！

注意！

在狗狗小的时候，可以买一个相对较大的犬舍，用隔间的方式隔出小一些的空间，等它长大以后依旧可以用。

训练步骤：

① 将犬舍布置得舒服些。

② 睡觉前，要让狗狗感到疲惫，还要带它上厕所。

③ 在犬舍里放一些吃的东西，引导狗狗自己进到犬舍里。

④ 关上犬舍的门，在卧室里轻轻地蹲下来。

⑤ 狗狗吠叫的时候，不要打开犬舍的门。

⑥ 等狗狗安静下来后再放它出来，以示奖励。

如厕训练

训练内容：
训练狗狗上厕所的关键就是不断重复成功的训练体验。如果狗狗在房间里上厕所，那么你可能没有很好地掌握训练技能。

① 牵着狗狗到指定的地点上厕所。由于狗狗行动不受限制，所以，即便到了指定地点，它也会嗅个不停，探究个不停，就是不上厕所。这时，你要站定双脚，不要让它走远。而且，每隔一段时间就要说一次"上厕所"。渐渐地，狗狗就会听懂这个命令了。

② 狗狗听从指令成功上厕所后，你就要表扬它说"表现不错"。

③ 如果狗狗在散步的途中要上厕所，那么不要立即转身回家，因为，这样狗狗会认为一上厕所就意味着要回家。相反，上完厕所后，继续带它玩一会儿，之后再回家。

④ 狗狗上厕所的时间是可以摸索出来的。所以，一接近这些时间点就要准备好带它出门，以便成功地训练它上厕所。以下便是一些重要的时间节点：早上起床后刚出犬舍，用餐过后，打盹儿醒来。

⑤ 如果狗狗不小心在房间里上了厕所，不要惩罚它。把它上过厕所的地方擦拭干净并除臭，因为它很有可能还会去那里上厕所。如果你发现狗狗正在上厕所，请立即带它出去，到指定的地点。

预期效果：
对于小型犬来说，要通过更多的训练才能形成上厕所的习惯。尤其是幼犬，虽然在几周之内完成了上厕所训练，可是，在一两岁之前，它上厕所的地点还是无法固定。

训练之前
狗狗更喜欢到干净、草多且干扰更少的地方去上厕所。

疑难解答
下雨天或者天冷的时候，狗狗不愿意到外面去。

天气不好的时候，很多小型犬都不愿出门。你可以在家门口放一个铺草皮的便盒，或者，甚至可以在一个小塑料盒子里铺上尿垫。

注意！
每隔 90 分钟就需要带幼犬出去一次。一天之内，它们可能会上十几次厕所。

训练步骤：

① 站定你的双脚。

② 狗狗上完厕所后要给予鼓励。

③ 如果狗狗在散步的时候上厕所，请不要在上完厕所后立即转身回家。

④ 狗狗想去上厕所的时间是可以摸索出来的。所以，到了上厕所的时间点，要做好准备。

⑤ 如果狗狗不小心在非指定地点上了厕所，请尽快将便便清理掉，并做除臭处理。

第 3 章

介绍家庭成员

狗 狗初进家门，同家庭成员碰面，这既有可能是一次愉快的经历……当然，也有可能弄得一团糟。本章教你如何让狗狗记住自己的名字，让它礼貌地与人类交流，并且能够与家里的动物成员交流。

从一开始就要让狗狗知道——这是一个和谐的家庭。一定要让它懂得，无论何时都不许欺负小孩子或者猫咪。

并教狗狗如何和谐地与家里其他动物成员相处。

还有，教家里的孩子如何礼貌地与狗狗互动，如何缓解潜在的易激化的气氛。

熟悉自己的名字

训练内容：

很多主人都理所当然地认为狗狗能够听懂自己的名字，但事实并非如此。一定要努力确保狗狗能够听懂自己的名字。

① 在狗狗散步时，用高兴的语气喊它的名字。

② 如果狗狗能够立即作出反应，一定要给它一点零食作为鼓励。接着，你要拉远距离，好让它跑到你这里拿吃的。

③ 将它的名字与一些带有积极意义的词语联系起来，例如说："金巴，吃东西了。""金巴，去拿来。""金巴，去散步啦。"

预期效果：

将狗狗的某种体验与名字联系起来，因此得到的奖赏越丰厚，它记得就越快，反应就越灵敏。每当有好东西要给它时，就将之与自己的名字建立起联系。

训练步骤：

① 用欢快的语调叫狗狗的名字。

② 当它有所反应的时候，给它点零食作为奖励。

③ 将它的名字与其他积极的体验联系在一起。

尊重其他宠物

训练之前

狗狗或许会上前闻一闻猫咪。这时，请把猫咪盖的被子递给它嗅一嗅。这样一来，见到真的猫咪后它就没有那么兴奋了。

疑难解答

我家猫咪对狗狗的态度很不友善！

由于猫咪上前抓狗狗的眼睛，导致狗狗被送至宠物医院，这种情况比较常见。如果你家的宠物无法像朋友那样和平相处，那么，就需要将它们分开，保持一定的距离。无论什么时候，只要狗狗接近猫咪，就请赶紧把它唤走。狗狗能够从严肃的语调中分辨出这是家规，不得违背。

注意！

给猫咪留几处只有它才能通过的出入口，例如一个可以直通洗衣间的小猫洞。

训练内容：

狗狗必须要学会尊重家里的其他宠物，不能引起其他宠物的恐惧。

① 你可以将猫咪抱到更高一点的地方，好让猫咪觉得掌握了主动权。等猫咪情绪冷静下来后，再用绳子牵着狗狗到猫咪身旁。

② 如果狗狗的表现过于兴奋，就递给它一些吃的东西，把它的注意力吸引回来，或者，可以用轻柔（非兴奋）的语调叫它。

③ 要掌控住局势。如果猫咪嘴里发出嘶嘶声，或者表现得极为紧张，这时就需要把狗狗带走，稍后再来尝试。

④ 用一种柔和却又坚定的语调告诉狗狗"举止要温和"。

预期效果：

有些狗狗属于猎犬犬种，见到猫咪可能会本能地去追逐或咬甩。不过，通过不停地巩固、强化家规，这种天然本性还是可以被很好地控制住。要知道，在控制兴奋的情绪方面，室内喂养的动物要比室外喂养的动物容易得多。

训练步骤：

① 让猫咪在高度上占据优势。

② 如果狗狗太过兴奋，就将它的注意力吸引到你这里来。

③ 控制好局面。如果发现情况不妙，立即将狗狗带走。

④ 告诉狗狗"举止要温和"。

尊重小朋友

训练内容：

狗狗应该尊重每一名家庭成员，包括孩子。要想教会狗狗懂得这个道理，你可以站在孩子身后，以增加孩子的气势，并给狗狗下达指令。

① 当孩子给狗狗下达它熟悉的指令（例如"坐下"）时，主人要站在孩子身后。此外，还要教导孩子使用简洁、有力的肢体语言以及清晰、有威严的声音。

② 如果狗狗不听从孩子的指令，你可以立即前去支援，给狗狗下达同样的指令。

③ 如果狗狗听从了孩子的指令，就让孩子奖励它零食。要知道，食物就是权威的象征，让孩子控制食物就是在提升其权威。

④ 带狗狗散步也是一种彰显领导地位的方式。让孩子去遛狗狗，大人跟在身后，必要时前去支援。

预期效果：

每天都要找机会让孩子下达指令，还要适时地鼓励狗狗。短短几周之内你就会发现，狗狗的反应发生了很大的变化。

训练之前

告诉孩子什么是尊重，一定要记得友善地对待狗狗，不可伤害它。

疑难解答

狗狗不听从孩子的指令。

你可以让孩子站在高一点的地方试一试，高度有暗示权威的意味。

注意！

所谓的尊重是双方面的。要想让狗狗尊重孩子，孩子就一定要对狗狗友善，同时也要尊重狗狗。

训练步骤：

① 孩子给狗狗下达指令时，大人要站在孩子身后。

② 大人亲自向狗狗下达同样的指令，以支援孩子。

③ 让孩子奖励狗狗零食吃。

④ 孩子带狗狗散步时，大人要跟在孩子身后。

教孩子学会自我保护

训练内容：

狗狗站起来扑到孩子身上怎么办？或者，狗狗撕咬、抓伤了孩子怎么办？当有陌生狗狗或受到惊吓的狗狗接近孩子时该怎么办？教孩子运用"装成一棵树或石头"的技巧，以躲避狗狗的威胁。

① 狗狗对活跃的物体感兴趣。为了避免场面失控，你可以教孩子站在原地不动。（让孩子不要跑动，因为跑动的物体会激起狗狗的追赶欲望。）

② 双臂并拢。

（这样可以防止手臂胡乱晃动，让孩子把手放在狗狗能闻到的地方。孩子的手应张开，让狗狗看清楚，她手里没有吃的东西。）

③ 眼睛向下看着自己的手心。

（眼神的接触往往会引发冲突。当孩子盯着自己手心的时候，就不会与狗狗有眼神接触了。）

④ 如果狗狗把孩子扑倒，孩子应该马上装作一块石头。

预期效果：

"装作一棵树或一块石头"这种技巧很管用，孩子越多次使用这种技巧对付狗狗，狗狗就会越快学会放开孩子。

训练之前

狗狗不在的时候，要多培养孩子掌握这种技能。必要时，要将其培养成为孩子的第二本能。

疑难解答

多大的孩子可以使用这种技能？

孩子很小的时候就可以学，甚至刚会走路的时候就可以用，而且很有效。

注意！

食物容易激起狗狗的兴奋情绪，进而引发一系列带有攻击性和冒犯性的行为。当孩子拿着食物站在狗狗旁边时，一定要多加小心。

训练步骤：

① 站在原地不动……

② 双臂并拢……

③ 盯着自己的手心看。

④ 若是被狗狗扑倒，立即跪卧在地上，装作一块石头。

第 4 章

教狗狗适应新环境

对于狗狗而言，它要认识新的人、新的动物、新的事物，经历新的体验，这些都会令它兴奋不已。不过有时，它也会恐惧、会害怕。教狗狗适应新环境时，一定要用一种它觉得安全、可控的方式，要让它自信满满地应对这些情况。

无论是第一次去看兽医，还是第一次修剪指甲，或是第一次坐汽车，只要是新的体验，狗狗都会紧张。请按照本章介绍的步骤，用一种舒缓、可控的方式带狗狗经历每一次新体验，这样才能获得积极的效果。最初的阶段，只要多花一点点时间，就可以培养起狗狗的自信心与积极的好奇心，这会让它受用终生。

在经历每次新体验的时候，要自信且镇定，掌控好节奏。一定要记得，狗狗是在听从你的命令，所以，会做你希望它做的事，你首先要厘清思路，明确即将要达成的目标。

社交

训练内容：

训练狗狗社交意味着要带狗狗去认识新的人、新的动物、新的事物，去经历新的体验。每次经历新的体验时，一定要循序渐进，还要时不时用食物去鼓励它，或者可以轻轻地拍一拍它，将新体验与鼓励方式之间建立起一种积极的联系。其实，狗狗要接触的新事物多得数不清，你可以列出一份清单来，如下所示。

① **坐电梯。** 刚开始，甚至让狗狗进入电梯都可能是一个挑战，鉴于此，你需要用一些零食来训练它迈出第一步。

② **穿戴衣物。** 医用锥形套是用来防止狗狗舔舐伤口的。在给狗狗戴这种锥形套的时候，可以给它些食物，让它慢慢适应这类用具。

③ **不平稳的落脚点。** 可以找一些诸如板子之类的东西，放在一块小鹅卵石上。你能引导狗狗站在这种不平稳的东西上吗？

④ **人。** 这一因素常常被忽略，不过，狗狗确实需要去接触各种各样的人。

⑤ **大声。** 如果你的家里来了一只幼犬，不要害怕弄出大的声响。只要狗狗没有受到很大的惊吓，就可以尽可能地弄出大的声响，可以大声关柜门，也可以让锅碗瓢盆响个不停，还可以按门铃。这样便可以降低狗狗对这种大声响的敏感度。

⑥ **动物。** 马、猫、爬行动物、鸟和家畜，这些动物都能让狗狗经历前所未有的新奇体验。

预期效果：

在接触新事物方面，狗狗们的自信程度千差万别。这种差异很大程度上源自狗狗的基因。在狗狗幼年时，尤其在刚出生的前4个月，社交能够给狗狗带来极大的好处。

训练之前

狗狗有时会表现得很有压力，主人们一定要试着去领会，例如：浑身颤抖、蜷缩成一团、夹尾巴、低头、舔嘴唇、喘息、四处抓挠、躲藏。

疑难解答

狗狗惧怕某些东西，我该怎么办？

千万不要硬逼着狗狗去接触它害怕的东西，因为这样会使它更加恐惧。请阅读"让狗狗变得更加勇敢"一章内容（详见第98页）。

注意！

等狗狗适应了更多新的体验，它就能更快地适应以后生活中的每一次新体验。

训练步骤：

① 电梯：过旋转门、自动门。

② 衣物：锥形套、外套、靴子。

③ 不平稳的落脚点：滑板。

④ 人：孩子、轮椅、手杖。

⑤ 大声：门铃声、关门声、汽笛声。

⑥ 动物：气味与活动习惯。

坐汽车

疑难解答

求助，我家狗狗晕车！

由于情绪紧张或晕车，狗狗有可能会出现淌口水或呕吐的现象。这种情况下，开车带狗狗出去之前，一定要限制狗狗的饮食。建议咨询一下兽医，是否可以给狗狗吃一些经药监局批准的晕车药。

注意！

第一次训练狗狗上车时，仅仅练习让狗狗进到车里，并在车里坐一会儿，然后再出来（不要启动车）就可以了。

训练内容：

狗狗都应该学着坐汽车。为了狗狗的安全，也为了所有路人的安全，你可以把狗狗放在犬舍里，或用牵引绳和安全带作为防护措施。

① 给狗狗系上牵引绳（详见第 10 页）。确认狗狗不会在向后退时从里面滑出来。

② 把牵引绳和安全带系在一起。

③ 或者，你也可以把犬舍搬到车里。可以给它一个发声玩具、一个咬嚼玩具，也可以放一个塞满花生酱的 Kong 玩具，这样就可以吸引狗狗的注意力。

④ 商用汽车里的坡道便于狗狗自己走进车里。如果你一定要抱狗狗上车，请记得要将狗狗从肩部一直到尾部完全抱起，避免挤压到狗狗的胸部或腹部。

预期效果：

幼犬要比成年狗狗更容易适应这种体验。

训练步骤：

① 给狗狗系上牵引绳，并测试安全性。

② 把牵引绳系在安全带上。

③ 把犬舍搬到车里。

④ 抱狗狗的时候要避免挤压到狗狗。

第一次去宠物医院

疑难解答

我家狗狗拒绝进宠物医院的门。

千万不要逼着狗狗去接近它害怕的物体，因为这样会加剧它内心的恐惧，你可以用一些食物去慢慢引导它。

我家狗狗一直在颤抖，而且还会喘个不停。

这种现象很常见。不要溺爱你的狗狗；相反，要在一定环境下培养它的自信与冷静。

注意！

谨记，宠物医院周围的草丛里有很多生病狗狗的便便。请不要带狗狗踏入这些地方。

训练内容：

狗狗很害怕去宠物医院，因为那里的地板很滑（详见第114页），还有其他生病的狗狗，而且到处散发着"令其恐惧"的气味。其实，在狗狗健康的时候就可以带它去适应宠物医院，这样它就会开始建立起积极的联系。

① 在没有预约的前提下，随便哪天散步的时候就可以去宠物医院逛一逛。狗狗可能会很紧张，对此，不要着急，慢慢来。

② 为了缓解狗狗的紧张情绪，可以给狗狗一些零食，分散它的注意力。

③ 宠物医院前台会放着一罐饼干。请工作人员拿一块饼干喂狗狗吃。

④ 在宠物医院待的时间不宜过长，而且要保持轻松的气氛。此外，离开宠物医院的时候，你们也要保持愉快，这多么有趣啊！

预期效果：

在狗狗生病之前就到宠物医院去逛几次。等到有一天狗狗真的病了，它就会觉得去宠物医院并不算是什么"大事"。

训练步骤：

① 在狗狗健康的时候就可以去宠物医院逛一逛。

② 用食物分散狗狗的注意力。

③ 去宠物医院前台拿饼干。

④ 第一次去宠物医院时不应做长时间停留。

适合的抚摸与情感表达方式

训练内容：

丰富狗狗的社交活动，其中一项内容就是要让狗狗习惯主人的爱抚，接受肢体的交流。碰触与抚摸是一种亲密的动作，能增进你与狗狗之间的感情。

① 让狗狗细嚼一些食物或舔食放在你手上的花生酱，与此同时，你可以轻轻地抚摸它。这样，它就会把这两种愉悦的体验联系在一起。

② 搓一搓它的耳朵。这有助于将来给它清理耳朵。

③ 轻轻抚摸它的爪子，也可以将它爪子下面的肉垫放在你的手心里。这有助于将来给它修剪指甲。

④ 轻轻掀开它的嘴唇为它检查牙齿。等它再适应一些的时候，我们就可以给它刷牙了。

⑤ 练习"坐下"这一技巧。把你的双腿伸展开，让狗狗放松地坐在上面，同时，轻声说"坐下……坐下……"

预期效果：

有些狗狗很享受被人喜爱的感觉，而有些狗狗则需要慢慢地学会爱上这种感觉。若你的狗狗天性不喜爱这种体验，请千万不要勉强。

训练之前

在一天结束时，你可以试着使用这种技巧，因为这个时候狗狗已经累了，几乎没有什么"有趣"的东西能够引起它的兴致。

疑难解答

我家狗狗就是不让人碰它的耳朵，甚至还会朝我大叫！

千万不要让这演变为一场较量。狗这是在告诉你，它不喜欢别人碰自己的耳朵。这种情况下，可以暂时不要勉强它，过几天再尝试。坚持不懈才是训练狗狗的最佳方法。

注意！

类似这种情感交流的时间不宜持续过长。如果狗狗拼命想要跑开，就请立即放开它。

训练步骤：

① 用花生酱引导它适应你的抚摸。

② 轻轻揉搓狗狗的耳朵。

③ 抚摸它的爪子。

④ 轻轻掀开狗狗的牙床。

⑤ 练习"坐下"技巧。

修剪指甲

训练内容：

狗狗的指甲过长会阻碍狗狗平稳站立，最终将对它造成伤害，甚至会导致关节炎。所以，给狗狗修剪指甲是一件很重要的事情。狗狗的一生都需要修剪指甲，所以，一定要循序渐进、正确地做这件事，这样，狗狗就不会对它心生恐惧。你可能要花费一周或更长的时间来完成以下几项内容。

① 喂狗狗吃东西的时候，轻轻地将它的爪子抬起来，试着进行修剪。如果它一直挣扎，请立即放开它的爪子（这里有一个技巧，只有它把爪子放到你手上，才给它零食吃）。

② 用指甲刀碰触它的每一个指甲。

③ 握着狗狗爪子的同时，拿一根木质火柴杆修剪。这样可以帮助狗狗适应修剪的声音。

④ 每修剪一下火柴杆，就给狗狗一点好吃的。

⑤ 等狗狗准备好了之后，先在它指甲上剪下一点点，接着，马上奖励给它一些零食吃。

预期效果：

这将是一个漫长而又令人烦躁的过程，不过，它值得你付出努力。刚开始的时候，只要做到用指甲刀碰到狗狗的每个指甲就算达成了目标。

训练之前

你需要准备好指甲刀、木质火柴和一些小块食物。

疑难解答

可以把狗狗拴起来吗？它总是想跑开。

为防止狗狗乱跑，你可以用一根足够长的绳子把它拴起来。不过，一定要充分地引导它，这样，它就不会觉得自己受到了束缚，也不会在惊恐中伤到人。

注意！

你家的狗狗咬人吗？一定要记得戴上手套。

训练步骤：

① 一边握着它的爪子，一边给它一些好吃的。

② 用指甲刀去碰触它的每一个指甲。

③ 用指甲刀剪火柴杆，让狗狗熟悉修剪的声音。

④ 每剪一下火柴就给它一点好吃的。

⑤ 剪掉一点指甲，就立即给它一点好吃的。

第 5 章

基础指令

训练其实是对狗狗的一种关爱，经过训练，狗狗能够掌握"良好"的技能，并且能够懂得如何成为一只"好狗狗"。训练其实能够让狗狗获得更多的自由，因为训练有素的狗狗不会做出不当的行为，也就可以跟随主人一起去更多的地方。

本章所讲的几种基础行为训练将从多方面对狗狗将来的生活产生正面影响。本章所讲的训练技巧是全书众多训练技巧中的一部分，例如，界限训练引导狗狗站在厨房外，还有礼貌迎客（而非扑到客人身上）的训练。

狗狗表现好的时候要用正向强化的方式奖励它，而不是在它犯错误的时候惩罚它。此外，耐心往往是训练狗狗的关键。

集中注意力 / 眼神交流

训练内容:

集中注意力是开展所有训练的前提,而让狗狗集中注意力的前提就是要与它进行眼神交流。接下来,我们就开始第一步训练:集中注意力。

① 拿一些食物靠近狗狗的鼻子。

② 一边说"注意……注意……"一边把食物移到你的双眼之间并全程与狗狗保持眼神接触。如果它不看你,就再次下命令。

③ 经过2秒钟的眼神接触后,把食物从你的眼前移到它嘴边,让它吃掉。接下来,逐渐延长眼神接触的时间。

④ 一轮游戏过后,你可以把食物换成食指来吸引它的注意力。等狗狗成功与你进行眼神接触后,再拿零食给它吃。

预期效果:

狗狗很容易就能学会这项技能,这也是一种很有用的技巧。经过一周的训练,狗狗的眼神交流能力可以得到很大的提升。当然了,这种注意力只能维持几秒钟的时间。

训练之前

第一次训练这种技能时,最好趁狗狗无聊的时候,周围不能有其他狗狗。

疑难解答

我家狗狗个头小,我是不是应该坐下来教它?

到了训练后期,大可不用这样。不过刚开始的时候,你最好还是坐下来,或者把狗狗抱到椅子上。

注意!

跟狗狗玩抛球游戏之前,或者在给它食物之前,先让它跟主人来一次短时间的眼神接触。

训练步骤：

① 拿一块零食靠近狗狗的鼻子。

② 再把食物移动到你的双眼中间。

③ 接着把食物移动到狗狗嘴边。

④ 试着用食指做引导来完成整套动作。

坐下

训练内容:

坐下,是狗狗首先要学会的动作指令,也是狗狗与主人终生维系亲密关系的开端。在这里,祝你玩得愉快!

① 把食物递到狗狗鼻子旁,吸引它的注意。

② 说一声"坐下",之后,拿着零食缓慢地来回移动。此时,狗狗会仰起头来,它的臀部自然就会向下坐。

③ 等它的臀部一挨地,立刻奖励它食物。

④ 如果狗狗一直仰头而不愿意坐下,就请找一处靠近墙的位置,再使用同样的技巧。

⑤ 最后,一旦狗狗能够很好地听从这一指令,你就可以通过抬手动作来给它下达"坐下"的命令。不过,还是要时不时地奖励它零食吃,以便建立起激励机制。

预期效果:

刚开始的时候,有些狗狗会很执拗,不过,只要成功完成几次"坐下"训练,那么,接下来的任务将会很顺利。谨记,狗狗每成功完成一次"坐下"训练,都要奖励它零食吃(这会加快学习的速度)。

训练步骤：

① 拿一块零食靠近狗狗的鼻子。

② 说一声"坐下"，接着把食物拿回来，引导它抬起头，臀部向下坐。

③ 松开零食给狗狗吃。

④ 靠近墙边，用同样的技巧训练狗狗。

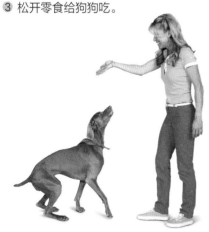

⑤ 将抬手动作作为"坐下"的手部指令。

趴下

训练之前

与硬地板相比，狗狗更愿意趴在地毯或草坪上。

疑难解答

我家狗狗无论如何都不愿意趴下来！

试试这样做：你坐在地上，把两脚平放，双膝搭成桥形。用食物诱导狗狗钻到你的膝盖下面。为了吃到食物，狗狗不得不钻到膝盖搭成的桥下。

注意！

你可以尝试跟狗狗一起跪在地板上。这样一来，狗狗的眼睛放低，就不用仰头看你了。

训练内容：

一旦狗狗学会了坐下，接着便要教它趴下。

① 先从教狗狗学会"坐下"（详见第 42 页）开始。把零食递到它鼻子旁边。

② 说一声"趴下"，再把食物放到地上。你可以把零食放到它面前，也可以移到离它远一点的地方，这样，它就会自然而然地趴下去够食物。

③ 如果狗狗总是站起来，你可以试着把零食挪到狗狗够起来比较费力的地方。

④ 如果狗狗为了够到食物而弓起身体，你可以拿起食物，直到它累了，并且臀部蹲下来为止。这时，你可以把零食稍微朝它鼻子那边挪一挪。

⑤ 只要狗狗一趴下，立即奖励它食物。

预期效果：

狗狗学习的速度较慢，这或多或少与它的年龄、腿部长度以及其他因素有关。绝大多数狗狗都能在 2 周之内掌握这种技能。

训练步骤：

① 只要狗狗坐下，就把零食递到它鼻子边。

② 把零食移动到地板上。

③ 如果狗狗一直站着，你可以把零食挪到它够起来很费力的地方。

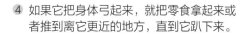

④ 如果它把身体弓起来，就把零食拿起来或者推到离它更近的地方，直到它趴下来。

⑤ 只要狗狗一趴下来，就立即松开零食给它吃。

别动

训练内容：

如果你将狗狗放到一个板凳上，那么它就会更容易听从"别动"这一指令。板凳或底座提供了一种支撑，成为一道天然屏障，可以帮助狗狗成功完成训练任务。

① 把狗狗放在高一点的地方，例如凳子上或者软垫椅上。命令它坐下（详见第42页）。

② 将手掌放在它面前，并命令道："别动。"

③ 保持手掌一直抬起，向后退一步，再向前一步。

④ 等你回到狗狗身边后再给它食物。若是过早让狗狗看见食物，就会破坏整个训练过程。

⑤ 等狗狗学会在凳子上待着不动后，就尝试在地上进行训练。对于狗狗来讲，这可能会稍微难一些，因此，你可以站在离它稍近一些的位置，并缩短训练的时间。

预期效果：

能否成功完成训练，很大程度上取决于你的肢体语言、眼神交流以及手势是否表达到位。首先你一定要站直、站稳，狗狗就会做出相应的反应。

训练步骤：

① 让狗狗站在一个凳子上，命令它坐下。

② 伸出手掌，并命令道："别动。"

③ 抬起手。向后退一步，再向前走一步。

④ 等你回到狗狗身边后再给它食物。

⑤ 试着在地上练习，你要站得距离狗狗近一些。

过来

训练之前

当你叫狗狗"过来"时，一定想看它做出积极的反应——没有恐惧或者犹豫。因此，一定要在有好消息（食物或者玩耍）的时候叫它过来，千万不要在有坏消息（洗澡，看兽医）的时候叫它过来。如果你想给它洗澡，就直接把它抱过来，不要召唤它。

疑难解答

如果我召唤狗狗"过来"，可它就是不过来，这该怎么办？

你不能轻易放弃，要给狗狗足够多的时间去完成这项指令。你要站在原地（如果此时你朝它走去，它就会扭头跑开），并一直召唤它。坚持就会有收获。

注意！

每间屋子都要放上一罐饼干。这样，无论狗狗何时完成指令，你都能奖励给狗狗一块"欢迎归来"的饼干！

训练内容：

在训练时，召唤狗狗过来是最为有用的一项技能。狗狗每次过来，都要给它一些奖励，可以是零食，也可以带它出去玩儿，或者兴奋地表扬它。

① 蹲下来，用愉快的声调召唤它"过来"。

② 等它过来后再给它零食。把零食掰开，并用这些零食给它惊喜。这样，狗狗就琢磨不透你手里到底有多少好吃的。

③ 蹲下身，说："准备……预备……过来！过来！过来！"说完转身跑开，激励它对你进行追赶。

④ 在教狗狗这句新口令时，一边说"过来"，一边用牵引绳把它拉过来，以此引导它成功完成这一过程。等它一过来，就立即给它吃些零食，即便它是被牵引绳拉过来的，也要记得给它吃的。

预期效果：

"过来"这一指令将贯穿全部训练过程。通过一直（或偶尔）用食物或各种形式的奖励去鼓励狗狗的方式，你便可以一直让狗狗保持靠近你的积极性。

训练步骤：

① 单膝跪下来，对狗狗说："过来。"

② 拿出零食来给狗狗惊喜。

③ 激起狗狗过来追赶你的冲动。

④ 用牵引绳引导狗狗完成动作。

放下

训练之前

教狗狗学会站在凳子上（详见第100页）。

疑难解答

这样会不会演变成变相鼓励狗狗更加频繁地叼鞋子，好得到更多好吃的？

其实，并不会发生这种情况。狗狗会将食物与凳子（而非鞋子）联系在一起。所以，你可能会发现，狗狗每次想要零食，都会跳上凳子！

注意！

我们要使用积极的重新定向引导方式，以此为依据，鼓励好习惯的养成，而非一味地针对坏习惯进行惩罚。我们可以帮助狗狗成为一只"好狗狗"。

训练内容：

每次狗狗一叼起鞋子、午餐包或者死老鼠，你一定要让它立即把这些东西"放下"。我们可以通过积极的重新定向引导方式纠正这种不良习惯。

① 如果你只喊一声"放下！"狗狗或许一下子就跑开了。这时候，你应该告知狗狗怎么做，并把零食拿过来，对它说："放下。"

② 坚持让它把嘴里的东西放下。

③ 等它把东西放下，立即给予鼓励，将它抱到凳子上，甚至可以陪着它一起玩耍。

④ 把它抱到凳子上之后，给它一些零食，并夸它表现不错。

预期效果：

通过这种积极的引导方式，我们可以集中狗狗的注意力，将坏习惯改变为好习惯。接下来，我们要做的就是鼓励这种好习惯。狗狗将鞋子叼走又放下，此时它得不到食物奖励。当狗狗跳上板凳时，就可以获得食物。

训练步骤：

① 拿起零食，对它说："放下。"

② 要坚持让它放下嘴里的东西。

③ 热情地把它抱到凳子上。

④ 在凳子上奖励它零食吃。

不许碰

训练之前

在地上放一点食物，再在口袋里藏些更加美味的食物。

疑难解答

我的狗狗总是忍不住凑向吃的！

耐心十分关键。每次狗狗凑向食物时，都要加以阻拦，久而久之，它就会有所犹豫。哪怕狗狗稍微出现犹豫的迹象，也要立即奖励零食给它吃。

注意！

每当你不想让狗狗接近三明治、猫或者其他任何它应该远离的东西时，也可以使用"不许碰"这一指令。

训练内容：

每当你不想让狗狗吃某一样东西——甚至靠近那样东西时，就跟它说："不许碰。"

① 把零食放在地上。用命令的语气（声调不用很高）告诉它"不许碰"。如果它想吃，你要随时准备好用手遮住食物。

② 当它开始享用食物时，告诉它"不可以"，并用手遮挡住食物。

③ 重复这一过程，直到狗狗可以在一两秒之内不朝食物这边靠近。这时，你要说："真棒！"之后从口袋里拿出与之不同的零食给它吃。

预期效果：

在奖励狗狗时，你要从手里拿出零食给它，不能让它吃地上的食物，否则，它就会把注意力转移到地上。而我们的初衷就是要让它忽略地上的食物。

训练步骤：

① 告诉狗狗"不许碰"，并随时准备用手把
零食盖上。

② 当狗狗做出行动时，立即告诉它"不可
以"，同时用手把零食盖上。

③ 当狗狗的行为有所收敛时，就对它说："真
棒！"并从口袋里拿出零食给它。

第 6 章

日常规矩

KYRA SUNDANCE 2014

日常家庭生活都围绕着一些日常活动而展开：按时做饭、吃饭、打扫以及出门。本章内容将教你建立起一套日常生活规则，以促成和谐的家庭生活。

这里所讲的习惯养成技巧并非一蹴而就，而是需要日复一日不断地练习。有时，习惯的养成过程就是主人与狗狗之间的愉快互动。例如，你要在狗狗进餐前训练它坐好；在给几只狗狗分餐时，训练它们不能乱动。这种习惯的养成过程是令人愉悦的，因为不难想象，其结果一定会令人满意。

教狗狗严守规矩，这样才能最大程度地减少矛盾冲突，其中包括地点训练与界限训练。

饭前先坐好

训练之前

先教狗狗学会"坐下"（详见第 42 页）。

疑难解答

我家狗狗就是不愿坐下。

你确定狗狗明白"坐下"这一指令吗？如果你确定它明白，可以试着把装有食物的碗举过它的头顶，并向它移动。这样能引导它臀部向下坐，若是它身后靠着一堵墙，这办法就更有用。

注意！

千万不能让狗狗无节制地进食。你将食物给它之后，如果 15 分钟之内还没有吃完，就一定要把碗拿起来，不再让它吃。

训练内容：

良好习惯的养成任何时候开始都不算晚。狗狗进餐前，一定要先教它礼貌地坐好。

① 为狗狗准备好零食，并放到它够不着的地方，告诉它"坐下"。这时的狗狗或许很兴奋，无法自控。给它几次机会，让它坐好，也可以用盛装食物的碗引导它把头抬起来，并向后移动，引导它坐下。

② 如果它没有做到，就转身把碗拿开，拿到它够不到的地方，并维持一分钟。

③ 一分钟过后再尝试一次。最后，只要狗狗坐下来，哪怕只坐了一秒钟，也要立即说："好样的。"

④ 狗狗做出礼貌的行为后，作为奖励，立即把盛装食物的碗放到地上。

预期效果：

这种练习能够帮狗狗养成良好的行为习惯。以后，狗狗若是肚子饿了，便会礼貌地向主人要食物，而不会野蛮地表达要求。

训练步骤：

1 用盛有食物的碗引导狗狗抬头。

2 如果狗狗不愿坐下，就立即转身走开。

3 当狗狗最终坐好时，对它说："好样的。"

4 当狗狗做出礼貌的行为后，立即把盛有食物的碗奖励给它。

给多只狗狗喂食

训练之前

先教狗狗学会"坐下"（详见第42页）。

疑难解答

淘气的狗狗总是不听话，连累乖狗狗跟着等好长时间！这似乎不太公平。

同辈压力是一种有效的激励机制。仔细观察后你会发现，乖狗狗会对其他狗狗起到一定的暗示作用。

注意！

如果你的家里有3只或更多狗狗该如何是好？这种情况下，狗狗的碗最好间隔1.5米远，这样，你就可以站在中间，防止有些狗狗去抢夺其他狗狗碗里的食物。

训练内容：

如果家里同时养了好几只狗狗，吃饭的时候往往是一片混乱。要想控制好局面，一定要事先有所计划。

① 将所有碗拿在手里，命令狗狗们"坐下"。

② 保持这等待狗狗们都老老实实地坐好。

③ 放下碗，让狗狗们开吃。

④ 有时，狗狗们可能会抢夺其他狗狗碗里的食物。这时，你要站在两只碗中间，起到一道屏障的作用。

预期效果：

一定要坚持，保证每顿饭都要这样。几周过后，在你下命令之前，狗狗们就会坐好。

训练步骤：

① 命令狗狗"坐下"。

② 端着碗，等待狗狗们坐好。

③ 等到你把碗放到地上后，狗狗才可以开吃。

④ 用你的身体挡在狗狗们中间，形成一道屏障。

想出去时要摇铃铛

训练之前

你也可以买一些狗狗训练的装备，例如专供狗狗使用的铃铛。

疑难解答

我家狗狗一天会摇好多次铃铛！

你正在教狗狗明白，它有能力与你进行沟通，并且会对它的合理要求作出回应。不过，刚开始的时候，狗狗每次摇铃铛你都要给予反馈，这很重要，否则狗狗会认为你没有反应，它也就不会再尝试这种沟通方式了。

注意！

这种训练技巧用在家养幼犬身上会很有效！

训练内容：

当狗狗想要外出时，教它摇响门上的铃铛，以便于你了解它的要求。

① 把铃铛挂在球形门柄上。上面抹些花生酱，一边摇铃铛，一边鼓励狗狗来舔上面的花生酱，并说："铃铛，来摇！"

② 只要狗狗把铃铛弄响，立即说："好样的！"同时把手里的零食给它吃。如此重复几次，连续训练几天。

③ 带上牵引绳，并激起它出门散步的欲望。接着，停在门口，鼓励它上前摇响铃铛。

④ 这一过程可能会花上一段时间，不过，只要它一碰到铃铛，就立即把门打开，带它出去。这次的奖励是带它出去玩，而不是给它食物。

预期效果：

最开始的时候，你对铃声的反应越敏捷，狗狗掌握这项技能的速度就越快。绝大多数狗狗都可以在一周之内学会自己摇铃铛。

训练步骤：

① 把花生酱抹在铃铛上。并命令道："铃铛，去摇铃铛！"

② 当狗狗弄响铃铛时，要说一句"好样的"，再给它一些零食吃。

③ 带狗狗去散步，让它兴奋起来，借机让它去摇门铃。

④ 铃铛响后，作为奖励，打开门让狗狗出去。

界限训练（远离厨房）

训练之前

先教狗狗学会"别动"（详见第 46 页）。

疑难解答

我要一直依靠喂零食来训练得多久呢？

在学习阶段，我们通常用食物来维持狗狗的积极性。几个月后，便可以不再用食物，仅靠强化规则即可。

注意！

肢体语言要坚定有力，以此强化界限的作用。

训练内容：

训练狗狗接受界限的约束，例如门口、瓷砖地与地毯之间的界限，或者草坪的边界。本例中，我们主要利用厨房界限。

① 在厨房门口设置一道婴儿障碍门。你要告诉狗狗"别动"。然后，转身走开，不过要立即返回来，给狗狗一点零食吃。

② 将婴儿障碍门换成更矮一些的障碍物，例如一块木板。接着，重复"站好—给零食"这一训练过程。延长狗狗"站住不动"的时间。

③ 接下来，不断降低障碍物的高度。如果狗狗跳过障碍，一定要命令它"出去"，并把它送回到原来的地方（有时甚至要将它赶回原地），重新开始训练过程。只有当它做出正确的行为选择时，才可以获得食物。

④ 虽然从理论上讲，狗狗只能学会接受地毯界限的约束，但是如果你使用一个小的障碍物（例如 5cm×5cm 的木板），训练就会变得更容易。

⑤ 或者，你可以在界限边缘放一个凳子。狗狗只要一蹲在凳子上，就不太可能再乱动了。

预期效果：

由于狗狗的个性差异，训练效果不尽相同。有些狗狗生来就很听话，而有些狗狗生来就不乖，会一点点地突破界限，不断挑战你的耐心。所以，一切贵在坚持。

训练步骤：

① 在门口设置一道婴儿障碍门，告诉狗狗"别动"。同时，奖励给狗狗零食吃。

② 换成更矮一些的障碍物。

③ 如果狗狗跳过障碍物，一定要命令它"出去"，并把它送回到原地。

④ 一定要用切切实实的障碍物，或者具有类似作用的东西。

⑤ 或者在房间的边缘放一个凳子。

地点训练

训练之前

先教会狗狗"趴下"（详见第44页），
"别动"（详见第46页）。

疑难解答

**狗狗只能有一个属于它自己的"地方"吗，
还是可以有好几个？**

你可以在每个房间里都给狗狗留一处"地
方"，作为它的小床。甚至可以在主人
的床旁边安放狗狗的小床，这样一来，
狗狗就可以在陌生的地方找到安全感。

注意！

如果你把狗狗的床铺得十分舒适，那么，
这项训练内容就更容易完成，最好是那
种离地面具有一定高度的床。

训练内容：

教狗狗回到属于自己的"地方"（狗狗的床），并让
它老老实实地待在那儿。

① 对狗狗说："回去！"同时，把一块零食扔到狗狗
的床上。

② 如果狗狗听话回到窝里，立即表扬它。

③ 让它在床上躺下来（这样更容易让它在一个地方安
静下来）。

④ 告诉它"别动"，同时，你后退几步，再前进几步，
并奖励狗狗一些零食。然后，试着将距离拉远，将
狗狗保持不动的时间加长。

⑤ 如果狗狗不老实，离开自己的床，立即将它抱回
去。最好是在不使用食物的条件下引导它回去，若
这种办法行不通，也可以用一点吃的引导它回到自
己床上去。

预期效果：

狗狗很容易就能掌握这项技能。

训练步骤：

1 对狗狗说："回去！"与此同时，把一块零食扔到狗狗床上。

2 等狗狗一上床，立即夸奖它一番。

3 让它躺下来。

4 告诉狗狗"别动"，后退几步，再前进几步，并且把零食给它。

5 如果狗狗不听话离开自己的地方，就要在不使用食物的情况下引导它回到原位置。

房屋安全检查

训练内容：

你是否会在夜间很晚的时候进入一间空屋子？这时，训练狗狗对屋子进行一次安全大检查，看看是否有入侵者。

① 进到室内，先指着第一间房对狗狗说："去检查吧！"

② 等狗狗回到你身边后，跟着它去下一个房间，并且引导它进行"检查"。以此类推，每间屋子都要重复这样做。

③ 检查完整间屋子后，一定要由衷地夸夸狗狗（但是记得，不能给食物）。

④ 像这样引导狗狗检查每间屋子，大约 20 天后，它就可以独立完成检查任务了。你只需站在门口，命令它"去检查吧"。

预期效果：

绝大多数狗狗都会越来越喜欢这项重要的工作，虽然没有食物，但还是愿意去做。

训练之前

狗狗进入黑暗的房间会变得更加胆小。这时，你可以用遥控器事先把屋子里的灯点亮。

疑难解答

我家狗狗好像不知道要搜查什么。

可能会出现这种情况。不过，一定要相信它，它确实是在四处搜索，如果闻到人的气味，它一定会给你以警示！

注意！

狗狗甚至可以去"检查"你入住的宾馆房间或者其他任何新去处。

训练步骤:

① 进到室内，对狗狗说："去检查吧！"

② 跟着它去下一个房间，并引导它"去检查吧！"

③ 搜索完最后一个房间后，一定要好好夸奖狗狗。

④ 最后，你就可以站在门口，让狗狗自己去检查整间房屋了。

第 7 章

带狗狗出去玩

险情无时不在，例如，当你与狗狗一同去城镇玩耍时，或去野外爬山时，都有可能会遇到。通过学习本章内容，你将掌握如下训练技巧：用牵引绳带狗狗文明散步，训练狗狗在牵引绳拉力范围内活动，以及狗狗只要一听到口哨，就立即回到你的身边。

有时，主人觉得狗狗会理所当然地跟在自己身旁，在人行道上活动，而非到大街上乱逛；在主人召唤时，狗狗立马就过来。但实际上，这些都是特定技能，需要狗狗去学习、演练。

为了保证狗狗一生的顺遂平坦，必须要教狗狗学会这些户外活动本领。一想到狗狗可以露出阳光般的微笑，可以开心地摇尾巴、天真地疯玩，付出再多的努力都值得！

牵绳训练（不能拉拽）

训练之前

要先训练狗狗接受项圈（详见第 8 页）和牵引绳（详见第 10 页）。

疑难解答

可以用食物作为奖励吗？

此项训练无需食物。带狗狗出去玩本身就是一种奖励。

注意！

千万不要把绳子拴在手腕或手掌上，因为这样很容易造成骨折。

训练内容：

没错，其实，你可以训练狗狗规规矩矩地散步，完全不用拉拽！狗狗会自然而然地朝前走。如果牵引绳较松，我们就可以让狗狗走在前面一些。等狗狗掌握了牵引绳训练技巧……我们就可以不用拉牵引绳了。

① 刚开始散步时，要用松一些的牵引绳。

② 若是狗狗拉拽绳子……

③ 你就停下脚步。等狗狗反应过来，它就不会再拉拽绳子了。

④ 只要狗狗稍微放松绳子，你就要夸它"好样的"。

⑤ 然后，继续散步。

预期效果：

刚开始运用这一技巧时，整个散步过程可能会遇到诸多麻烦，很有可能没走几步就得停下来。这种现象很正常，而且会逐渐好起来。很少有人能耐住性子严格遵守训练计划，不过，一旦掌握这项技巧，今后就会非常有用。

训练步骤:

① 刚开始散步时,要用松一些的牵引绳。

② 若是狗狗拉拽……

③ 你就立即停下脚步。

④ 等牵引绳松下来,哪怕只有一秒钟,也要夸奖狗狗说:"好样的!"

⑤ 然后,继续散步。

约束训练（在人行道散步）

训练之前

先教狗狗适应松一些的牵引绳（详见第70页）。

疑难解答

我刚一伸脚，狗狗就怕得不行。

伸脚时，动作一定要轻缓。我们的目的仅仅是把狗狗的腿推回到原处。这可不是惩罚，而是一种引导方式。

注意！

如果总是需要用脚去规范狗狗的走向，就请用一根短的牵引绳，以便于控制。

训练内容：

在人行道上散步时，要训练狗狗规规矩矩地待在你的旁边，不能随便拉拽牵引绳跑到大街上去。

① 沿人行道散步时，请你离路边近些，让狗狗离路边远些。

② 你从人行道下到马路上，这时，狗狗会不由自主地跟过来。

③ 当狗狗正要朝马路迈出第一步时，你要用脚把狗狗推回到人行道上。

预期效果：

一段时间后，狗狗就能学会在地势稍高的人行道上散步了。

训练步骤：

① 在人行道上散步，你要距离街道近一些。

② 接着，你要从人行道下到马路上。

③ 用脚把狗狗的腿推回到人行道上去。

带狗狗一起跑步

训练内容：

一定要尝试着带狗狗一起出去跑步！

① 背带不会勒狗狗的脖子。具有弹性的或者螺旋式牵引绳能够缓冲拉力，让你与狗狗的跑步过程变得更加顺利。

② 千万不要把绳子缠绕在手腕或手掌上，因为这很容易造成手部骨折。

③ 带上探路灯，方便狗狗在夜间视物。

④ 可折叠的弹性硅胶水碗便于携带。

⑤ 在人多或靠近街道的地方，你可以用一根短的牵引绳，把狗狗牵得更近些。跑步时，请你站在离街道更近一些的位置，以便保护狗狗远离汽车。

⑥ 如果狗狗喜欢拉拽牵引绳，你可以试着将牵引绳拴在狗狗背带靠前胸的位置。当狗狗试图拉拽绳子时，它会沿弧形自动转向你。这种方法最能应对狗狗拉拽牵引绳的现象，而且用不着费太大力气。

预期效果：

即便跑步的人经验丰富，调整牵绳、掌控节奏、引导狗狗的过程恐怕依旧是一项挑战，并且要求注意力持续集中。拉着狗狗一起锻炼身体，彼此都能受益！

训练之前

在与狗狗一同跑步的过程中，对于狗狗来讲，热是最大的威胁，在你受到影响之前，狗狗就已经热得不行了。对此，你一定要细心，并且能够随机应变。

疑难解答

我家狗狗到底能跑多远？

仔细观察，若狗狗有如下表现，表示它的体力已接近极限：明显是被牵引绳拉着走；舌头伸得很长，喘息不止；总是想躺在树荫里。通常情况下，9.5千米是狗狗的耐力极限。

注意！

跑步过后，你要检查狗狗爪子上的肉垫。不要在柏油路或者粗糙的地面上跑步。

训练步骤：

① 给狗狗穿上背带，使用可伸缩牵引绳或
者牵引绳线圈。

② 一定不要把绳子缠在手腕上。

③ 夜间跑步时，可以给狗狗带上信
标灯，让你能看见狗狗。

④ 可以选择有弹性且可折叠的便携水碗，
便于携带。

⑤ 短的牵引绳可以让狗狗离街道更近一些。

⑥ 为了防止狗狗突然拉拽牵引绳，你可以把
绳子拴在狗狗的背带靠前胸的位置。

自由远足

训练内容：

狗狗喜欢在森林里奔跑，喜欢远足，并且经过稍加训练，绝大多数狗狗都能学会紧跟主人，当主人叫它时，它就会回到主人身边。经过训练，狗狗完全能够赢得独立自主的活动空间。

① 全副武装。为狗狗准备背包还是很必要的，带上必备品，也便于主人能够更好地看护狗狗。脖铃能够定位狗狗的位置；狗碗能够用来给狗狗喂水，而且比运动型水瓶方便得多；还要准备一只口哨，狗狗从很远的地方就能听到哨声（详见第78页）。口袋里准备一些狗粮，以便在召唤狗狗时，它能回到你身边。

② 多带几只狗狗。带上两只狗狗能够有效防止狗狗乱跑。

③ 跑第一段400米时，一定要用牵引绳拉着狗狗，直到狗狗最初的兴奋感得到缓和，并且你也远离了马路。要给狗狗养成这样的习惯，即只有它不拉拽绳子的时候牵引绳才可以松一些；如果狗狗一直拉拽，那么千万不要放松绳子。

④ 若是狗狗时不时地回来看主人在不在，一定要给它一些零食作为奖励。这样一来，狗狗才会经常回来。

⑤ 远足即将结束的时候，奖励狗狗一枚"汽车饼干"（狗狗因找到自家汽车而获得的饼干）。将来如果狗狗从你身边走失，那么它很有可能为了找食物而找到自家的汽车！

预期效果：

远足时，有些狗狗会跑离很远，有些狗狗则喜欢跟在主人旁边，这是因为不同品种的狗狗性格不同。其实，狗狗们能够自觉地学习其他狗狗的行为，所以，前几次远足的时候，你可以给它带上一个有经验的同伴，这有助于教狗狗学会这项技能。

训练之前

一定要小心潜在的危险因素，例如土狼、响尾蛇和仙人掌。

疑难解答

我总是担心狗狗跑远了就再也不回来。

一定要带上美味的狗粮，每隔几分钟就给狗狗吃一点，如此一来，狗狗就不会走很远了。

注意！

有一种带有GPS定位功能的项圈，可以用手机定位狗狗的位置。

训练步骤：

① 狗狗的背包、脖铃铛、　　　水、　　　　　口哨、　　　　　狗粮。

② 同时带上几只狗狗。

③ 只有狗狗不再拉拽绳子时，才将绳子稍微放松些。

④ 当狗狗回来看你在不在时，一定要给它些零食吃。

⑤ 远足结束后，要奖励给它吃"汽车饼干"。

口哨训练

训练之前

先教狗狗学会"过来"（详见第48页）。

疑难解答

狗狗听了哨声没反应怎么办？

这跟当初学习"过来"指令时的情况一样，狗狗若没有反应，主人恐怕无论如何都不想让狗狗就这样走掉。一般而言，你可以站在一个地方，并一直吹口哨，还要不停地叫狗狗过来。凡事贵在坚持。要让狗狗明白，无论花多长时间，它都需要掌握这项技能。

注意！

你的家里有好几只狗狗吗？这种情况下，每只狗狗都要定一个专属的口哨调子。

训练内容：

这项训练帮助狗狗一听到哨声就赶过来。这在大风天气，或狗狗距离你很远时能派上用场。而且，任何家庭成员都可以用哨子把狗狗叫回来，因为在狗狗听来，大家的"哨声"都是一样的。

① 慢慢地让狗狗适应哨声。如果它害怕哨声，你可以在吹哨的时候给它些零食。

② 当狗狗距离你12~24米远时，吹响哨子。吹哨时调子要高低起伏，对于狗狗来讲，这要比单一不变的调子更容易辨认。

③ 立即把食物拿过来，再用兴奋的语调叫狗狗的名字。一定要先吹口哨，再叫它的名字，这很重要。因为一般情况下，我们都是先让狗狗熟悉新的提示，再巩固旧的提示。

④ 当狗狗一回到你身边，就奖励些食物给它吃。

预期效果：

口哨训练很简单，几乎在首次尝试时就能激起它的反应。不过，要想达到最令人满意且持续稳定的效果，每次吹口哨叫狗狗过来时，都要用食物作为奖励。

训练步骤:

① 让狗狗适应哨声。

② 吹出各种音调不同的哨声。

③ 立即拿起狗粮,用兴奋的语调叫狗狗的名字。

④ 奖励给狗狗食物。

"回家" 训练

训练内容：

训练狗狗自己回家的技能。当你忙不过来，需要狗狗帮忙带路时，或者当狗狗跑出围栏，惹得邻居对它大喊时，这项技能尤其有用。

① 训练要从家门口开始。你可以指着屋子，用兴奋的语调指挥狗狗"回家"，与此同时立即打开门，跟狗狗一同跑进屋。

② 一进到屋里，你立即跑向饼干罐，并给狗狗一些食物。

③ 接着，可以离屋子远一些。一边指着屋子，一边命令狗狗"回家！"

④ 一路陪它跑到家，一直跑到放饼干罐的地方。

⑤ 接下来，你要与另一个人配合完成。其中一个人给狗狗下命令，另一个人拿着食物在家里等它。

预期效果：

狗狗很容易就能学会"回家"这项技能。你要用手指指方向，下令时语调要高亢，这会让狗狗明确指令的意义。

训练步骤：

1 对狗狗说"回家！"，并跟它一同跑进屋。

2 直接跑到饼干罐所在的地方，给狗狗拿一块零食。

3 接下来，站在离屋子远一些的地方重新开始。

4 再次跟狗狗一路跑到家门口。

5 与另一个人配合完成任务：一个人给狗狗下达命令，另一个人拿着一块零食在家等候。

中间站位训练（腿中间）

训练内容：

所谓的中间站位，就是让狗狗站在主人两腿中间。每当到了一个拥挤的场合，主人想保护狗狗不被挤压，同时也想保护周围的人不被狗狗碰到、舔到或被搅扰到时，就需要主人这样做。

① 背对狗狗站着。

② 一边说"到中间"，一边用食物引导狗狗穿过你的双腿。你的手里可以握几块小的食物，这样就可以不断地拿给狗狗吃。

③ 只要你拿着食物，并且偶尔给狗狗吃一点，这样就能一直让狗狗待在你的两腿中间的位置。

④ 到最后，主人只要一指示狗狗"到中间"，狗狗就会自觉地找到自己的位置。这时，一定要夸奖它，偶尔还要给些食物作为奖励。

预期效果：

一旦学会这一技能，狗狗就会喜欢上它，而且，为了离你更近一些，它会经常这样做。

训练之前

狗狗站在你的两腿中间时是否有些紧张？先教会狗狗适应人类的抚摸与情感表达吧（详见第34页）。

疑难解答

我家狗狗不愿站在我身后。

你可以移动到狗狗前面，这要比让狗狗主动站在你身后容易得多。当背对着狗狗时，再转身就可以了。

注意！

狗狗站到中间位置时，一定要夸奖它一番，给它抓抓脖子，让它认为这是一个非常愉快的位置。

训练步骤：

① 背对狗狗站着。

② 引导狗狗穿过你的双腿。

③ 向狗狗展示手中的食物，让它在两腿中间站一会儿。

④ 在训练的最后阶段，只需指示让狗狗"到中间"即可。

第 8 章

适合与狗狗玩的游戏

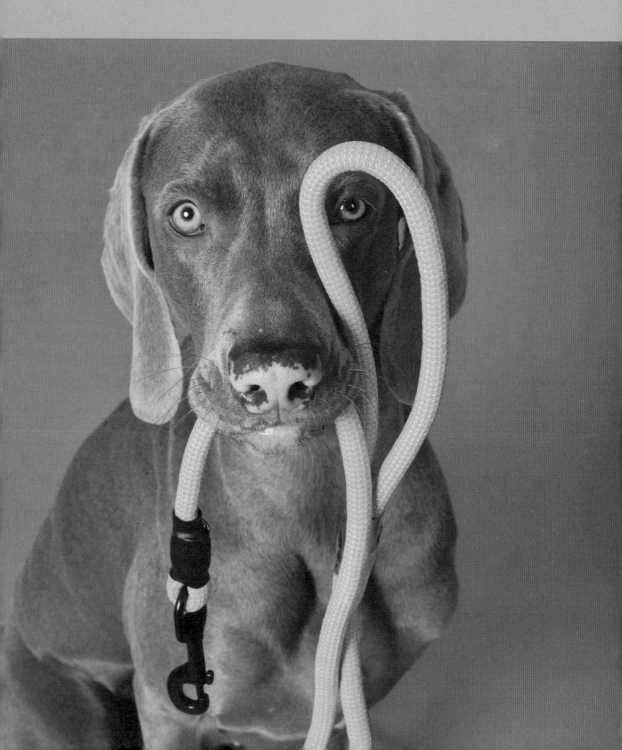

与狗狗到处玩耍不只是作为主人的一大乐事，还是在特定场所实践规矩与界限准则的良好契机，更能够增进主人与狗狗之间的感情。

只有当游戏富有挑战性，参与游戏的双方既懂得配合，又不胆怯或畏惧不前，这样游戏才充满趣味。依照本章内容，主人及其狗狗都可以获得愉快的游戏体验。

你会发现，找到一个合适的游戏跟狗狗玩耍，其益处远远超出游戏本身。它将提升你在狗狗心中的地位，在它眼里，你是一个有趣且充满活力的主人，因此便会本能地被你吸引。当你再召唤它时，它一定会开心地跑过来！

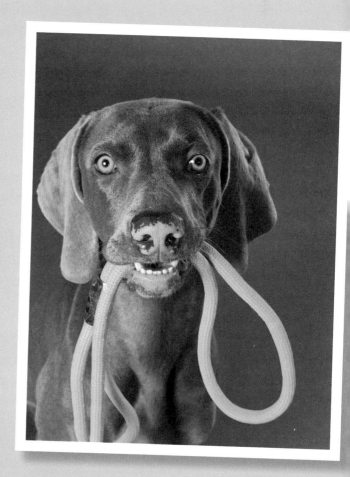

拉拽玩具

训练内容：

很多狗狗（但不包括全部）都喜欢拉拽玩具这一游戏，因为这满足了它们的冲动本能。你可以试着温柔一些跟狗狗玩一玩这样的游戏，不至于把它吓跑。

① 可以从玩具开始。把玩具拿给它看，之后藏到背后。假装这玩具是一只真正活着的猎物。

② 从身后把玩具拿出来，当看到狗狗过来抢时，立即把玩具拿开。玩具应该远离狗狗，而不是靠近它。

③ 等狗狗抓到玩具后，你就开始摇晃玩具，并将玩具轻轻地从一边拉拽到另一边（不是前后摇晃）。

④ 这样过了几秒钟后，你就把手中的玩具让给狗狗。对于狗狗来讲，这是一种奖励；而赢得奖励的它会很高兴。当它兴高采烈地玩儿玩具时，你要夸奖它一番。

预期效果：

有些品种的狗狗（例如㹴类和牧羊犬）具有较强的捕猎动机，不过某种程度上，狗狗都喜欢拉拽东西。你越是经常跟狗狗玩这种游戏，就越容易培养狗狗的这种冲动。

训练步骤：

① 假装玩具就是真正活着的猎物。

② 玩具一定要从狗狗身边拿开。

③ 等狗狗咬住玩具，你要从一边到另一边来回地摇晃玩具。

④ 一定要让狗狗从你的手上把玩具抢走，以此作为奖励。

接球游戏

训练内容：

你家狗狗喜欢追球吗？亦或者，它一抢到球就叼跑吗？其实这个问题是可以解决的!

① 用切割刀在网球上划一个口子。

② 在网球里塞进一些食物，让狗狗看到。

③ 将球抛出去并兴奋地鼓励狗狗去取球。因为它看到球里面塞了食物，所以，一定会对此感兴趣，一定会去追球。

④ 接着，你一边蹲下身，一边拍拍腿，鼓励狗狗回到自己身边来。狗狗或许会想独自占有这个里面藏有食物的球，所以，第一次叫它回来时会费些力气，不过，你一定要坚持这样做。

⑤ 等你一拿到球，立即将里面的食物挤出来。

⑥ 让狗狗吃到食物。

预期效果：

第一次把球要回来有些困难，不过，狗狗很快就会发现，凭它自己是拿不到食物的，它需要把球捡回来给主人，这样才能把吃的拿出来。

训练步骤：

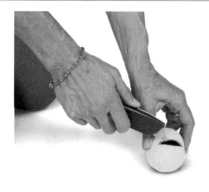

① 在网球上划一条口子。

② 往里面塞些食物。

③ 把球扔出去。

④ 鼓励狗狗把球捡回来。

⑤ 把球里的食物挤出来给狗狗吃。

⑥ 让狗狗吃到食物。

摔跤打闹

训练之前

找到狗狗喜欢的高度。放低身体，与狗狗一起趴在地板上或床上。

疑难解答

狗狗总是冲我咆哮。

你需要弄清楚，这是带有敌意的叫声还是玩耍时开心的叫声？如果是前者，就请立即停止游戏，转身离开。这相当于对狗狗刚才的咆哮行为进行惩罚。

注意！

时刻谨记，与狗狗相比，主人的个头要大得多，所以，狗狗容易因此而感到害怕。

训练内容：

狗狗喜欢跟主人一起打闹，不过，动作一定要轻缓。

① 拎着毯子在狗狗身上一掀、一盖。或者，用毯子盖住自己，并叫狗狗过来，逗它玩儿。

② 轻轻地掐狗狗的屁股，或者用手指捏一下它的尾巴逗它。

③ 狗狗露肚皮是一种臣服的姿势，或者是在邀请主人跟它一起玩耍。你可以停留在狗狗旁边，但不能在它的上方徘徊。

④ 拉起狗狗的耳朵，并盖在它的眼睛上。

预期效果：

狗狗可能会喜欢不同形式的摔跤游戏，所以，日常生活中，主人需要仔细观察，注意它都喜欢什么游戏，害怕什么，在什么情况下会生气。一般来说，首选是那些小型、轻缓的游戏，而且，最好是只用一根手指就能搞定的游戏。

训练步骤：

① 用毯子蒙住狗狗或者你自己。

② 轻轻地摆弄它的尾巴。

③ 若狗狗露出肚皮，请不要俯身在它的上方。

④ 拉起它的耳朵，并盖在它的眼睛上。

追赶游戏

训练之前

如果狗狗之前有过攻击人或咬人的历史，一定不能再玩这个游戏了。

疑难解答

我家狗狗只站在那里，就是不来追我。

跑的时候拿起狗狗的一只玩具放在身后，也可以叫上另一只狗狗来追赶你，这样就可以激起狗狗的追赶欲望。你也可以拿一块零食，具有同样的效果。

注意！

主人玩得越起劲儿，狗狗也就玩得越兴奋。

训练内容：

狗狗本身就是一种追赶欲望很强的动物，所以，它一定喜欢和你玩追赶的游戏。

① 将身体蹲得越来越低，并用一种令人紧张的声调开始倒计时……"准备，预备，跑！"

② 尽情地跑。一边跑一边叫它，还要时不时地回头看它的动向，鼓励它来追赶你。

③ 故意让狗狗追到你，等它一追上来就立即跟它玩耍一番。

预期效果：

有些狗狗很喜欢这种游戏。你会发现，它们会叼起各种有趣的东西（例如你的鞋子）来"逗"你，好引你跟它一起玩追赶的游戏。

训练步骤：

① 蹲下来，并对狗狗说："准备，预备，跑！"

② 跑的时候要非常兴奋。

③ 当狗狗追上你时，一定要跟它玩耍一番。

捉迷藏（认识主人的名字）

训练内容：

狗狗必须能够听懂主人以及其他家庭成员的名字，这一点很重要。这样，你可以让狗狗去找某个特定的人。

① 让另外一个人看住你的狗狗，这时，请你离开屋子，躲在一处容易被找到的地方。

② 然后，请你的帮手用兴奋的语调指着你离开的方向说："去找（你的名字）！"

③ 狗狗可以通过气味找到主人。如果狗狗一直没能找到，你可以弄出些声响或稍稍探出头来看看它，让它发现你。若它还是找不到，就直接召唤它的名字。

④ 当狗狗找到你时，一定要拍拍它的头，夸奖一番，并且给些零食。此外，还要对狗狗说："找到（主人名字）了，真棒！"以强化这一指令。

预期效果：

对于狗狗来讲，这是一个十分有趣的游戏！不仅能激发它嗅觉搜查的本能，还能让它懂得，若在最后能找到主人，就能得到大大的奖赏！

训练之前

让一名家庭成员或者其他人帮忙训练，教狗狗掌握这一技能。

疑难解答

我家狗狗学不会。

慢慢来，你可以躲在屋子一端的椅子后面。等它找到你后，一定要给它零食。

注意！

与狗狗的日常交流中，一定要以名字相称，例如，老公下班回家时，要说："看，兰迪回来了！"

训练步骤：

① 主人躲起来的时候，让另一个人拉住狗狗。

② 接着，此人要指着主人躲藏的方向说：
　"去找（主人的名字）！"

③ 狗狗将会凭借气味找到主人。

④ 奖励给狗狗一块零食，并对它说："找到
　（主人名字）了，真棒！"以强化这一指令。

制作益智玩具

训练之前

你需要一个重一些的松饼模具，还有十几只网球。

疑难解答

我家狗狗是小型犬，无法叼起整只网球。

为了找到食物，有些小型犬知道如何将网球拱走。或者你也可以用报纸揉成一个个纸球，用来代替网球。

注意！

最好在晚饭前开展这项训练，趁它寻找食物的这5分钟时间，为它准备晚饭。

训练内容：

这种专门为狗狗制作的益智玩具能够帮狗狗树立自信心，培养坚强的意志力和灵敏的嗅觉能力。将来，狗狗甚至可以在5分钟之内找到主人的头发。

① 在松饼模具的每个杯子里放进一小块狗粮或粗磨的食物。

② 让狗狗把所有食物都找出来。

③ 再来一次，这次要将一半的食物用网球盖住。

④ 狗狗在找食物的过程中可能会推、翻模具，或将网球叼起来。如果狗狗没能成功找到食物，主人可以将上面的球拿开，让它看到食物，然后再放回去。这样便可以培养狗狗的搜查能力！

⑤ 如果狗狗的动作幅度过大，主人可以用手或脚帮它扶住模具。

预期效果：

即便再野蛮好动的狗狗，经过此项训练，它的性格也会变得沉静、理智。

训练步骤：

① 把一小块狗粮或磨碎的食物放在模具的每个杯子里。

② 让狗狗把所有的食物都找出来。

③ 接着，用网球将模具中一半的食物盖住。

④ 如果狗狗没能找到食物，主人可以把一只球拿开，让狗狗看看食物放在了哪里。

⑤ 用脚固定松饼模具的位置。

第 9 章

让狗狗变得更加勇敢

勇气是可以经过后天培养的。我们可以使用两种具有科学根据的方法，循序渐进改变狗狗对某种情况的认识感觉，从恐惧转变为辩证看待，甚至转变为兴奋与欢快。本章将循序渐进地教主人如何帮狗狗克服恐惧感。

积极的重新定向方式指的是通过鼓励狗狗争取更大奖励，将它的注意力从恐惧物体上转移开。例如，千万不要把狗狗独自扔在家里，以防它受惊、害怕，要给它留一些食玩（附带食品的玩具），供它玩耍。

逆条件作用指的是让狗狗接触这些轻度恐惧物体的过程，并将这种物体与美味的食物建立起联系。让狗狗以为这样的物体预示着美味的食物。

请主人们注意，上述的一种或两种方式在本章中是如何被运用的。

用板凳提升狗狗的自信心

训练内容：

板凳训练是一种提升成年狗狗与幼犬自信心的训练项目。狗狗天性喜欢站在高处，这种高度上的优势能够让狗狗觉得更加有自信。这时，对于狗狗来讲，板凳相当于"基地"，让它觉得在那里是自由、安全的。因此，要训练狗狗学会自己站到板凳上。

① 把一些食物拿到狗狗鼻子旁边。一边命令它"上凳子"，一边慢慢把手抬高到凳子上方，引导狗狗跟着手移动。在这过程中，要不断地给狗狗喂一些小零食，维持它的动力，同时，继续引导它站到凳子上。

② 等狗狗成功站上凳子，立即奖励零食，并且夸赞它一番，还要抚摸它。要让狗狗明白，站到凳子上会得到超级棒的体验。

③ 狗狗站到凳子上后，这就意味着它要乖乖"待在那里"。它被禁止随便跳下来，只有听到命令才可以。你命令它"下来"，同时拍打一下狗狗的腿或者后脖颈，指示它从凳子上下来。

④ 等狗狗渐渐掌握这项技能后，试着从远处命令它"上凳子"。接下来，只抬起一只胳膊作为指令（与最初接受训练时的动作相似）。等狗狗站到凳子上，记得要立即给狗狗吃些零食。

预期效果：

如果你将凳子与奖励（食物或者爱抚）联系到一起，那么狗狗很快就能掌握这一技能，你会发现，有时没等听到命令，它自己就会站到凳子上！

训练之前

所谓的凳子，其实可以是任何一种高出地面的小型物体，例如软椅。不过，有一定高度的狗床不太适合，因为它太矮，不足以成为一个合适的活动平台。

疑难解答

我应该把凳子放在哪间屋子里呢？

最好每间屋子都放一个这样的凳子，这些凳子可以是不一样的。

注意！

想抚摸你的狗狗吗？你可以叫狗狗跳到凳子上，然后抚摸它。

训练步骤：

① 用一些小零食引导狗狗站到凳子上。

② 等狗狗站到凳子上，立即奖励给它食物，还要轻轻地抚摸它。

③ 指示它从凳子上"下来"。

④ 用类似的肢体语言命令它"上凳子"。

克服对物体的恐惧

训练内容：

如果狗狗害怕某样东西，就一定要让它亲身去接触这些东西才行。引导狗狗来玩"靶心游戏"，或者用食物引导狗狗，让它离害怕的物体越来越近。

1. 一开始，要把食物放在离它害怕的物体远一些的地方。你想让狗狗对游戏感兴趣，所以，在狗狗刚开始获得食物的时候，它心里不能有恐惧感。

2. 让狗狗吃到食物。

3. 接着，不断缩小食物与靶心的距离。

4. 一开始，狗狗会小心翼翼地去取食物，再赶紧跑回到你身边。等它一回来，一定要奖励一些食物。

5. 如果狗狗一直没有进步，就把食物放在离靶心更远一些的地方。

6. 逐渐地，狗狗就可以获得自信，克服恐惧。

预期效果：

这种逆条件作用（将美好的事物与恐惧的事物之间建立联系）的形成需要不断地重复训练。通常，训练中会出现短时间的退步现象，不过这仅仅需要很短暂的时间就可以克服，并且会再次给狗狗动力取得进步。

训练步骤：

① 将食物放在离靶心远一些的地方。

② 让狗狗去取食物。

③ 不断缩小食物与靶心的距离。

④ 每当狗狗成功地从地上获得食物，你一定要再给它一些零食作为奖励。

⑤ 如果狗狗一直停滞不前，就退回到上一个较简单的步骤。

⑥ 在主人耐心的训练下，狗狗一定会克服内心的恐惧！

害怕大的声响

训练内容：

你家狗狗是否害怕打雷声、爆竹声或者其他大的声响呢？若真的是这样，你可以考虑运用这种逆条件作用技巧，将美味的食物与吓人的声音建立起联系。你可以和狗狗玩"砰砰游戏"，让狗狗适应这种大的声响。

① 用脚踩住跷跷板的一边。用食物将狗狗引上跷跷板。

② 等狗狗一上来，就把食物奖励给狗狗吃。

③ 下一次，将跷跷板抬离地面 2.5 厘米，再引导狗狗站上来。

④ 把手松开，让跷跷板落到地上。这种声响可能会吓狗狗一跳。听到声响的同时，就立即将食物递到狗狗嘴里。

⑤ 继续这一训练过程，听到响声的同时将食物奖励给狗狗，最后，狗狗在听到这种响声时会表现得很兴奋！

预期效果：

逆条件作用是减轻恐惧感最有效的方法。但不要着急推进，声响要控制在狗狗的恐惧极限以下。

训练之前

准备一个跷跷板形状的道具。

疑难解答

板子砰一声落地之后，我家狗狗害怕得再也不敢上去了。

将板子平放在地上。在板子上铺上一块毛巾，让板子看上去跟之前有所不同。接下来，继续跷跷板训练。

注意！

没有跷跷板该怎么办？游戏时，你可以用关橱柜门的声音代替。

训练步骤：

① 拿一块狗粮引导狗狗站到跷跷板上。

② 等狗狗一站上来，立即把食物奖励给它吃。

③ 这次，将板子抬离地面 2.5 厘米。

④ 板子落地发出声响的时候，立即给狗狗食物。

⑤ 最后，狗狗会故意将板子踩得砰砰响！

害怕独自在家

训练内容：

很多狗狗在主人离开时都会焦虑害怕。每当这时，狗狗会耍闹、吠叫或者撕毁家具，在屋子里肆意糟蹋东西或者胡作非为。这时，将狗狗的注意力转移到其他事物上，便可以轻松地解除它这种焦虑。

① 主人离开前，将食物藏在屋子的各个角落。

② 这样一来，等你出去时，狗狗就可以自娱自乐，把精力放在别的事情上。

③ 当你离开时，不要兴师动众。可以给狗狗一只塞了花生酱的玩具或一个分发食物的玩具，这样便可以趁它玩得不亦乐乎的时候出门。

④ 刚开始训练时，出家门几分钟后就回来。进来时，也不要大肆声张，钥匙的声音不要太大。

预期效果：

这种分离性焦虑很难得以缓解。进展的速度较慢，效果也不明显，不过，一定要有信心，一步一步来，一定会有所进步。

训练之前

在联想思维方面，狗狗可是个小能手。它们知道，主人拿起钥匙就意味着要出门。所以，一定要让出门这件事常态化、自然化。

疑难解答

我家狗狗过于焦虑，总是会弄伤自己。
若是狗狗的焦虑症过于严重，你可以找兽医开一些治疗重度焦虑症的药物。

注意！

练习离开几分钟后就回来，这样会让狗狗知道，主人不会每次都离很长时间。

训练步骤：

① 将食物藏在屋子的各个角落。

② 如此一来，狗狗就会一直忙着找食物。

③ 你在悄声出门之前，要用塞有花生酱的玩具分散狗狗的注意。

④ 几分钟后就回来。尽量减小钥匙的声音。

怕人

训练之前

把狗狗介绍给"可怕的人"之前，主人可以站在超市门外，先让狗狗跟那些普通人交流，并接受他们给的食物，便于开展接下来的训练。

疑难解答

我家狗狗甚至不敢迈出第一步。

没关系，慢慢来。先由一位陌生人来给狗狗喂食物，一两分钟后，换下一个人。一定要让狗狗不停地跟陌生人接触。

注意！

好的食物绝对能起到扭转乾坤的作用。你也可以试着用人类的食品，例如汉堡、牛排、鸡肉或者奶酪。

训练内容：

狗狗害怕不同类型的人群，包括男人、孩子、戴帽子或者头巾的人，穿制服的人，穿防护服、防雪服或黑色衣服的人，等等。主人要暗示狗狗，这些人身上都带有食物，这样就可以克服它的恐惧感。

① 在超市门前闲逛，请一个你认为狗狗可能会害怕的人，给这个人一把零食。

② 让陌生人单膝跪地，转过身去，手脚麻利地将食物放到地上。

③ 成功试验几次后，看看狗狗能不能去陌生人手上吃食物。

④ 让狗狗面对面接触陌生人，不过，当他给狗狗吃食物时不要做眼神的沟通。

⑤ 站起身……再给狗狗一些狗粮。

⑥ 经过此番训练，狗狗将会非常乐意跟新人接触！重复此项训练数十次即可。

预期效果：

狗狗越是能从陌生人手中获得食物，它就越能迅速地建立起与人之间的信任。只要带狗狗出去，就一定要带上一些食物，以便随时开展训练。

训练步骤：

① 给陌生人一些美味的食物。

② 让陌生人把食物放到地上。

③ 你家狗狗能从陌生人手中获取食物吗？

④ 陌生人应避免与狗狗进行眼神交流。

⑤ 让陌生人站高一些，再把食物给狗狗吃。

⑥ 你家狗狗交到新朋友啦！

害怕其他狗狗

训练之前

如果你家狗狗已经表现出对其他狗狗的恐惧，那么，一定要替它选择好小伙伴，以保证它们友好地相处。

疑难解答

我家狗狗被别家狗狗咬过，所以，它心里一直害怕其他狗狗。

主人要让狗狗明白，遇到危险时，你会保护它，你一定要承担起这份责任。如果一只狗狗朝你这边跑过来，一定要站在你家狗狗前面，朝那只狗狗说："不可以！"在狗狗眼里，这种强势的做法很有用。

注意！

不要强迫狗狗去接近另一只狗狗。要让它觉得，随时都有退路可寻。

训练内容：

你家狗狗看到别的狗狗时会不会害怕得发抖，或者一个劲儿地往你的腿上靠？它会上前叫嚷，把别的狗狗吓走吗？一定要教狗狗跟其他狗狗做好朋友。

① 同时带两只狗狗出去散步。这样能让它们成为一个小团体，不用刻意地教它们进行直接的沟通接触。

② 主人坐在两只狗狗中间，与狗狗们玩一种可以发出吱吱响的玩具。这样既可以让两只狗狗同处在一个空间内，又可以使它们的注意力不在彼此身上。这能增添狗狗的自信，相信主人能够控制住局面。

同时将两块饼干摆在两只狗狗面前。这样既能减轻
③ 狗狗接近新伙伴时的恐惧感，又能吃到食物。为避免狗狗之间产生嫉妒的心理，一定要同时把食物放到两只狗狗面前。

④ 你家狗狗紧张吗？逗逗它，把它的注意力转移到你身上，与此同时，介绍一位新伙伴给它认识。

预期效果：

狗狗与新伙伴结识的过程越顺利，就越容易结交到新的朋友。

训练步骤:

① 同时带两只狗狗去散步。

② 坐在两只狗狗中间,手里拿一只能发出吱吱响的玩具。

③ 同时拿出两块饼干。

④ 另一只狗狗在旁边的时候,与你家狗狗做游戏。

害怕吸尘器

训练内容：

是不是一把吸尘器从壁橱里拿出来，狗狗就吓得赶紧跑掉？或者冲着这个怪物不停地嚎叫与撕咬？你可以帮助狗狗与这个怪家伙和谐相处。

① 打消狗狗对吸尘器的畏惧心理，把吸尘器拿到房间里。先打开一会儿，再关掉。

② 拿着吸尘器，背对着狗狗，把吸尘器从狗狗的一旁拿开（不是拿向它）。

③ 如果狗狗能待在高一点的地方（椅子上），它会更有自信心。

④ 吸灰尘的时候，把一只塞有花生酱的玩具或一根咀嚼棒给狗狗咬玩。这样，它就能很自然地与这台怪家伙共处一室了。

预期效果：

狗狗绝对能适应吸尘器。要努力让狗狗适应它，其实，你这是在培养它成为一只自信心强、焦虑少的狗狗。

训练之前

狗狗睡觉时不要把吸尘器的声音开得很大，以防吓到它。而且，要确保狗狗有逃跑路线。

疑难解答

我家狗狗好像不是害怕吸尘器，而是想去攻击它！

虽然它看上去很凶，但其实是因为恐惧和焦虑。它这个样子是想把挡在眼前的怪物机器吓走。

注意！

如果狗狗害怕吸尘器……那你可能卫生做得不够哦！

训练步骤：

① 把吸尘器打开再关掉。

② 将吸尘器从狗狗身边拿开。

③ 如果狗狗待的位置高一些，它就会更有自信。

④ 给狗狗一只塞满花生酱或可以撕咬的玩具。

害怕滑溜溜的地板

训练之前

用绳子牵住狗狗，从而控制局面。千万不要用绳子硬拉着狗狗到地板上。

疑难解答

我家狗狗不是害怕，它就是无法在这种地板上行走。

一定要定期给狗狗修剪指甲（详见第36页）。此外，有一种可以粘在肉垫上的粘贴和橡胶指甲套，可以帮狗狗加大脚掌的摩擦力。

注意！

狗狗都不敢在光滑的地板上走路，例如黑色大理石地面。在它们看来，这些就像是黑洞一样。

训练内容：

你家狗狗敢独自进厨房吗？敢上楼梯吗？敢在兽医院铺有油毡的滑溜溜的地板上行走吗？你可以帮狗狗克服这种恐惧。

① 把一块狗粮放在一只狗碗里（因为碗既大又容易看得见），把碗放在光滑地板的边缘处。让狗狗去拿狗粮。

② 铺一块浴巾，形成一条通道，一直延伸到碗那边。狗狗走过去的同时，主人在一旁陪着。

③ 将几块浴巾分开铺放，增加浴巾间的距离，这样狗狗就必须要踩在地板上。

④ 主人还可以用兴奋的语调鼓励狗狗。

预期效果：

一般而言，采用这种方法以后，狗狗就可以在一两天之内学会在光滑的地板上走路了。

训练步骤：

① 把装有狗粮的碗放在地板的边缘处。让狗狗去取。

② 铺一块浴巾，形成一条通道，一直延伸至碗那里。

③ 将浴巾隔开一段距离。

④ 为了加快这一技能的训练进程，主人要经常表扬狗狗。

害怕浴缸

训练之前

先花些时间做准备。把门关上，防止浑身湿漉漉的狗狗到处乱跑。准备好毛巾、刷子和洗发水，要放在方便够到的位置，同时，要打开食物袋，以便你一只手就可以拿出食物。

疑难解答

狗狗居然抓我！

千万不要让这演变成一场混战，不过，即便狗狗抓你，也不要停下来，否则它就会觉得，只要抓你就能不用洗澡。与之相反，尽量延长时间。哪怕让狗狗在干燥的浴盆里坐上5分钟也可以。下次，你就可以给狗狗洗更长时间。

注意！

在浴池边上抹一点花生酱，洗澡的时候可以让它舔一舔。

训练内容：

当你说"洗澡"的时候，狗狗是否吓得到处躲藏？或者，是不是它的小爪子一碰到浴盆就吓得一动不动？下面这些简单的步骤，让你家狗狗爱上洗澡。

① 在干燥的空浴盆里放一条毛巾，狗狗踩上去会觉得安全。再往里面放一块狗粮，鼓励狗狗跳进去。重复几次这样的训练。

② 将排水口打开，先用细小的水流。

③ 狗狗站在浴盆里，同时水平面逐渐上升。这时，可以通过弄出肥皂泡来分散它的注意力。

④ 若是洗澡的时候能喂狗狗食物就更好了。有些狗狗过于紧张而无法吃东西，这种现象很正常。

预期效果：

其实，没有哪只狗狗喜欢洗澡。不过，主人可以动作柔缓、循序渐进地进行，这样可以避免引发混乱局面，并且顺利完成这项令人讨厌的工作。

训练步骤：

① 在干燥的空浴盆里放一条毛巾，鼓励狗狗自己进去吃食物。

② 打开水龙头，细水流往盆里放水。

③ 水位上来的时候，用肥皂水给狗狗洗澡。

④ 给狗狗一些食物（虽然它这个时候很有可能不会吃）。

第 10 章

克服常见的行为问题

不恰当的行为会把家里弄得混乱不堪。这不仅招人讨厌，甚至还会引发矛盾冲突，置主人于尴尬的境地，并且会危及狗狗本身或者周围的人。本章将循序渐进地为主人们解读狗狗最为常见的日常行为问题。

有些问题没那么容易得到解决。例如，一直叫个不停，或者在屋子里撒尿，这些都属于本能行为，纠正起来很难。针对这些情况，本章将给出较为实际的方式与方法去控制这些你无法完全纠正的不当行为。

训练过程中，主人有要耐心，要控制好自己的负面情绪，这才是收获成功的训练成果的关键。

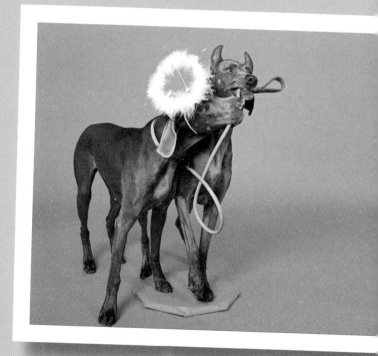

扑向客人

训练之前

教狗狗老老实实地待在凳子上（详见第100页）

疑难解答

训练的时候很好，可是，真有客人来访时，就又是一片混乱。

这种训练本身就不是很容易。有客人来访时，主人可以让客人稍等片刻，等狗狗做好准备。开门时，要紧盯着狗狗。要知道，你现在是一位训狗师，凡事都要郑重其事。

注意！

主人下班时，也可以用这种方法训练狗狗与主人打招呼。进门时，让狗狗站到凳子上，然后在凳子处跟它打招呼。

训练内容：

你家狗狗是不是总朝客人身上扑？训练狗狗礼貌地待在板凳上，等客人主动走上前来跟它打招呼。请一位朋友帮忙，重复进行此项训练。

① 门铃响了，让狗狗站到凳子上（详见第100页），并给它一块狗粮。此环节的训练目标是，狗狗一听到门铃这一讯号，就要站到凳子上。

② 等狗狗站到凳子上，进行开门与关门训练。若狗狗一直待在板凳上，就给它一块狗粮。

③ 接着，请一位好朋友来加入训练。

④ 如果狗狗跳下板凳来跟客人打招呼，客人就要转过身去不理它。狗狗不愿意被人忽视，它会懂得，只有站到凳子上才能吸引别人的注意。

⑤ 如果狗狗老老实实地待在凳子上，就让客人走到它跟前，喂它吃一块狗粮，作为鼓励。

预期效果：

其实，狗狗们很乐意待在板凳上跟人打招呼的，因为它们可以站在高一点的地方，而站在那里视野更好，能够跟客人很好地交流。

训练步骤：

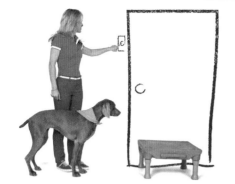 

① 让狗狗懂得，门铃一响它就要站到凳子上。

② 进行开门与关门训练。

③ 请一位朋友来加入训练。

④ 如果狗狗从凳子上跳下来，客人要
表现出无视它的样子。

⑤ 懂礼貌的狗狗一定要获得食物奖励。

冲出门

训练内容：

是否当你一开门，狗狗就会嗖地一下冲出去？以下几项技巧能帮助你训练狗狗懂规矩。

情景 1：牵着狗狗出门

① 这种情景适用于狗狗与主人一同出门时。你可以让狗狗站到凳子上（详见第 100 页）。

② 等狗狗站到凳子上后，把牵引绳系上。有限的空间能够让狗狗安静下来。

③ 你走在前面引路，先走出门口。

情景 2：出门时不带狗狗

① 这种情景适用于出门上班时。让狗狗站到凳子上（详见第 100 页），你再离开。

② 下班回来后，也让狗狗站到凳子上。

③ 等它站到凳子上，你再去关注它，并给它食物。

预期效果：

在训练这一行为的过程中，凳子还是很有用的。只需要几秒钟的时间而已，不过，每次开门之前，得确保狗狗已经站到了凳子上。

训练之前

教会狗狗站在凳子上（详见第 100 页）。

疑难解答

我家有好几只狗狗。

这一技巧可以同时用在几只狗狗身上。为每只狗狗都准备一个凳子，在给它们食物之前，先让狗狗老老实实地站到凳子上。

注意！

要让狗狗懂得，只有站在凳子上才有好吃的。

训练步骤：

情景1：牵着狗狗出门

① 让狗狗站到凳子上。

② 在凳子这个有限的空间里，为狗狗系上牵引绳。

③ 出门时主人走在前面引路。

情景2：出门时不带狗狗

① 等狗狗站到凳子上再离开。

② 回到家后，还要让狗狗站到凳子上。

③ 只有它站到凳子上，才能得到主人的关注。

讨要食物

训练之前

先要进行地点训练（详见第 64 页）。

疑难解答

要不停地喂它食物吗？

如果吃饭时，总是多少给狗狗一些食物，这样效果最好，这种做法需要一直保持。

注意！

只有它趴到自己的垫子上，才能得到食物。

训练内容：

吃饭的时候，你家狗狗会不会来回走动、吠叫并且把爪子搭在饭桌上？如下几项技能可以让狗狗老老实实地趴下来。

① 把狗狗的垫子放在桌旁，让它趴在上面（详见第64 页）。

② 把食物罐放在桌子上。每隔几分钟就给狗狗吃一点。

③ 如果狗狗站起来走动，就命令它趴回到垫子上。

④ 你会惊奇地发现，为了能够再次吃到食物，狗狗居然能够安静地待上很长一段时间！

预期效果：

这种方法很有效，可以纠正狗狗吃饭时讨要食物的坏毛病（只是使用几块狗粮而已）。此外，还可以培养狗狗的自控力，让它学会礼貌地趴下来。

训练步骤：

① 把狗狗的垫子放在桌旁。

② 每隔几分钟就喂狗狗吃一块狗粮。

③ 如果狗狗站起来走动，立即命令它回到
原来的位置上。

④ 为了再次吃到食物，它会耐下心来等好
长时间。

咬鞋 / 家具

训练内容：

有些狗狗（尤其是幼犬）会破坏性地撕咬主人的鞋子、家具或其他物件。下面几招可以纠正狗狗的行为问题。

训练之前

先训练狗狗学会把嘴里的东西放下（详见第 50 页）。

① 不要让狗狗因叼走鞋子而自找麻烦，并且因为撕咬鞋子而受到惩罚。主人要做的事情是把鞋子收好。

② 如果狗狗嘴里叼着鞋，不要上前追赶（这样一来，它就会觉得这是一个很好玩的游戏）。命令它"不可以，放下"（详见第 50 页）。

③ 将鞋子换成更好的东西（狗狗更喜欢的东西），例如可以撕咬的玩具，给它玩具的时候说一声"真棒"。

疑难解答

我家狗狗老是喜欢吃（吞食）一些奇奇怪怪的东西。

狗狗喜欢吃一些不能吃的东西（例如垃圾、沙子、泥土、纸、粉笔、丝织品或者塑料），这是一种不正常的习惯，通常被称为"异食癖"。纠正这种问题的最佳方式就是不让狗狗接触到这些东西。

④ 如果狗狗喜欢嚼东西，可以给它一些合适的物件。例如一种橡胶或皮制的东西。

⑤ 为了阻止狗狗啃咬家具，可以在家具上涂一层冬青油。这是一种气味强烈、清新醒神的精华油，刺激的味道能够让狗狗避而远之。此外，这是一种有机物，没有化学危害。

预期效果：

狗狗啃咬东西有两种原因：为了好玩，或者出于焦虑。幼犬是为了好玩，等长大后这种现象就会消失。不过，无论上述哪种情况，主人都可以给它一只咀嚼玩具，彻底改掉它这种毛病。

注意！

如果你不想让狗狗撕咬新鞋的话，就请不要把旧鞋子给它做咀嚼玩具。

训练步骤：

① 相信狗狗能做到，并把鞋子摆好。

② 命令它"不可以，放下"。

③ 把鞋子换成可以咀嚼的玩具。

④ 给它一些橡胶与皮制的物件。

⑤ 在家具上刷上冬青油。

刨坑

疑难解答

我家狗狗为什么老是刨坑？

狗狗刨坑有以下几种原因：找一处凉快的地方躺着、本能驱使、把骨头埋起来、抓地鼠、从院子里逃出去、缓解焦虑，或者就是单纯地觉得好玩。首先要弄明白狗狗为什么刨坑，之后才能对症下药。

注意！

有些犬种（例如㹴犬）会比其他犬种更喜欢刨坑。

训练内容：

你家狗狗是不是喜欢在院子里刨坑？有些狗狗特别喜欢刨坑，并且你试图完全阻止这一行为的努力是无效的。所以，你可以借鉴以下几点建议，给狗狗找一个合适的地方去发泄多余的精力。

① 有时，狗狗是为了找一处凉快的地方躺下才会刨坑。你可以找一处它可以刨坑的地方，再洒点水，吸引狗狗过去。

② 为了避免狗狗沾上一爪子泥，可以在刨坑的地方洒上木屑或橡胶物。

③ 在草坪上腾出一块地方来，遮上荫凉，再覆盖一层绿草或沙子，狗狗就喜欢在这样的地方刨坑。

④ 此外，一张被架高的狗狗床垫会比位于地面的床垫更加凉爽。若狗狗刨坑是为了找一处凉快点的地方，那么这种方法能够有效地消除狗狗的这种欲望。

预期效果：

为了改正狗狗在院里刨坑的毛病，给它找一处适合刨坑的地方，这种方法很有效。

训练步骤：

① 在一处适当的地方洒些水，以便吸引狗狗
在这里刨坑。

② 木屑或橡胶物可以打造一处干净的刨坑
地点。

③ 单独腾出一块草地来供狗狗刨坑。

④ 将狗狗的床垫抬高或许能消除狗狗刨坑的
欲望（前提条件是，狗狗刨坑是为了找凉
快的地方休息）。

翻垃圾桶

训练之前

最好的解决办法就是买一只更好的垃圾桶。既解决了问题，又不会引起冲突。

疑难解答

我家狗狗会开垃圾桶盖！

狗狗们很聪明！有的狗狗懂得如何使用脚踩垃圾桶，如何打开锁着的盖子，或者干脆把垃圾桶推倒，让里面的东西洒出来。买一只稍微重一些、制作精良的垃圾桶，能给家里减少很多麻烦。

注意！

买那种"防宠物"的垃圾桶，上面带有锁紧盖。

训练内容：

你回家后，是否发现房间里撒满垃圾？我们要训练狗狗远离垃圾桶。

① 在一只空苏打水罐中放几枚硬币。

② 正当狗狗埋头翻找垃圾桶时，悄悄靠近狗狗……

③ 猛地摇动易拉罐！这样应该会吓狗狗一大跳，立即把头从垃圾桶里抽出来。

④ 你要装作不知道声音从何而来，并问："发生了什么？"目的就是要让狗狗以为，它一翻找垃圾桶就会发出这种吓人的声音。

⑤ 对狗狗要进行积极引导。让它站到凳子上（详见第100页），再奖励给它一些狗粮吃，或者亲切地抚摸它。

预期效果：

这种方法是否奏效，很大程度上取决于狗狗对于声音的敏感程度。有些狗狗（例如某些猎犬犬种）可能并不害怕这种声音。

训练步骤：

① 在一只空苏打水罐子里放上几枚硬币。

② 趁狗狗埋头翻垃圾桶的时候悄悄地靠近它……

③ 突然摇响易拉罐！

④ "发生了什么？"假装不知道声音从何 而来。

⑤ 命令狗狗站到凳子上，并给予积极的鼓励。

片刻不消停

训练之前

练习快速集中注意力（详见第40页），
训练狗狗与主人冷静地进行眼神交流。

疑难解答

我家狗狗一直闹个不停！

你无法改变狗狗的性格。我们的目的就
是让狗狗能够稍微听话，能够安静下来
一点。

注意！

当孩子们被几只兴奋的狗狗围住的时
候，也可以用"反增强法"教孩子们进
行自我保护（详见第24页）。

训练内容：

如果狗狗闹腾不停，那么，不管主人的态度怎样（是
好还是坏），都会强化或者加剧它的这种行为表现。
因此，当狗狗行为过于激动时，我们可以采用"反增
强法"，让狗狗安静下来。

① 当你和狗狗玩耍时，它可能会太过兴奋，根本停
   不下来，而你却希望它能尽快冷静下来。

② 立即停止游戏，转过身去，背对狗狗，不理它。

③ 这时，狗狗会不知所措，很快就能安静下来并看
   着你。

④ 等它安静下来之后，你就可以再陪它一会儿。游
   戏本身就是对它的这种冷静情绪的奖励。

预期效果：

每次狗狗太过兴奋的时候，你就要转移对它的关注。
每次狗狗与你进行平静的眼神交流时，你就要对它给
予关注，以作奖励。随着不断地重复上述步骤，你的
狗狗就会明白这个游戏，并且会更快速地与你进行平
静的眼神交流。

训练步骤：

① 每当狗狗过于闹腾的时候，你可能会希望
它逐步安静下来。

② 转过身去，背对狗狗，不去理它。

③ 狗狗很快就会冷静下来并看着你。

④ 一旦狗狗安静下来，游戏就可以继续。

不停地吠叫

训练内容：

如果你不在家的时候狗狗不停地叫，这个时候，你能做的只有控制环境（例如拉上窗帘，不让狗狗往窗外看）。本部分内容主要解决主人在家时，狗狗不停吠叫的问题。狗狗吠叫有几种不同的原因，请针对性地选用如下几种技巧。

1️⃣ 狗狗想去外面玩儿：安装几只狗狗专用的门铃，教它用这种方式来提醒你（详见第60页）。

2️⃣ 警告：当外面有异常情况时（发现异常的车辆或松鼠时），狗狗可能会对你发出警告。这个时候，你一定要过去看看，并要安慰它"没事儿，冷静点"。

3️⃣ 为了吸引主人的注意：主人千万不能给狗狗养成这样的坏习惯，为了吸引你的注意而不停地叫。所以，每当它这样做时，主人就不要去理会它。

4️⃣ 把人吓走：只要情况差不多在你的掌控之中，就不要让狗狗养成这样的坏习惯。相反，当狗狗把注意力转回你身上时，再鼓励它。

5️⃣ 要想让狗狗停止吠叫，可以先让它趴下来（详见第44页）。

预期效果：

有时候，主人能够较为容易地制止住某些类型的狗狗乱叫。但是，如果狗狗因为太兴奋而叫个不停，就不太容易让它停下来，除非主人耐心地坚持这项训练。

训练之前

选一个可以制止狗狗大叫的命令，例如，"安静！"

疑难解答

我家养了好几只狗狗，只要一只开始叫，其他就都跟着叫起来！

这种时候，狗狗们一定会获取其他狗狗的暗语，加入到这场集体大叫中。主人应先观察，看是哪一只先叫，之后再集中精力训练这只狗狗。

注意！

有些吠犬品种特别喜欢叫，例如吉娃娃、腊肠犬、德牧、小猎犬、约克郡㹴、迷你雪纳瑞、西高地白㹴、猎狐犬和哈士奇（西伯利亚雪橇犬）。

训练步骤：

① 想出去玩儿：安装狗狗专用的门铃。

② 警告主人：主人要去现场看看。

③ 吸引主人的注意：狗狗叫的时候就不要理它。

④ 把人吓走：当狗狗回头看向主人时，
要上前安抚它。

⑤ 让狗狗趴下来，这样可以有效地制止狗
狗乱叫。

幼犬啃咬人的手指

训练内容：

幼犬长牙时会很喜欢咬东西，包括你的手指、鼻子和耳朵。这时，我们要耐心地提醒小家伙（而非惩罚），让它们知道，我们不喜欢这种行为。

1. 幼犬能够控制好咬人的力度。这时，就看你能接受什么样的力度了。
2. 如果狗狗咬得太使劲儿，你就说："噢！疼！我再也不跟你玩了。"接着转过身去不理它。
3. 大约 10 秒钟过后，再转过来和它玩儿。不停地重复这一过程。

预期效果：

幼犬很想得到主人的关注与陪伴。只要让狗狗明白，如果它咬得太使劲儿，主人就再也不跟它玩了，它就不再那么使劲儿了。

训练步骤：

① 你可以掌控狗狗咬人的力度。

② 告诉狗狗，"噢！疼！我再也不跟你玩了。"

③ 等 10 秒钟以后再转过身来跟狗狗玩。

撒尿：服从或兴奋

训练之前

让几位朋友来帮助你。事先一定要给他们讲好注意事项。

疑难解答

我是完全按照这几步进行训练的，可是，我家狗狗还是老样子。

你需要在狗狗的临界值以下开展训练。仔细观察，导致狗狗撒尿与停止这一行为的临界线在哪里。也许这是因为客人坐在对面房间。

注意！

男性比女性更容易诱导狗狗服从地撒尿。

训练内容：

你的狗狗接受的是家庭训练吗？家里来访的客人去摸狗狗时，它会不会立马开始便便？它是兴奋时撒尿，还是在躺下来露出肚皮表示服从时撒尿？以下几项技巧能够帮助你解决这一问题。

① 经常训练狗狗小便，让它成为一只训练有素的狗狗。一旦狗狗撒尿，立即清理干净并除味。

② 这时，客人不应再到狗狗这边来，也不要面朝狗狗，因为这样会吓得它再次服从性地撒尿。

③ 客人接近狗狗的时候应俯下身来。

④ 要给狗狗留出逃离的路线，不能让它觉得自己被困住了。

⑤ 不要伸手去摸狗狗，也不能将手在狗狗的上方盘旋。

⑥ 不要直接与狗狗对视，因为这样还是会吓到它。

预期效果：

这种毛病是能够彻底改正的。狗狗遇到生人不再撒尿，这种经历越是成功，它就越能顺利地完成这项训练。不要心急，集中精力，让狗狗体验到成功的感受。

训练步骤：

① 时常训练狗狗撒尿，并及时清理污迹。

② 客人要站在狗狗旁边，不要面对着它。

③ 在接近狗狗时，客人要俯下身来。

④ 要给狗狗留出逃离的路线。

⑤ 不要将手停留在狗狗的上方。

⑥ 不要直接与狗狗进行对视。

撒尿：标记行为

训练之前

若是想减少狗狗这种划地盘式标记的习惯，可以给狗狗做绝育手术。

疑难解答

我新交了个男朋友，狗狗是因为他才撒尿做标记的吗？

家里来了新人（无论是新的室友、宠物，还是经常来拜访的客人），狗狗很有可能会为此而在家里的东西上撒尿做标记。这时，应该尽可能多地让狗狗跟这位新人接触。

注意！

事后惩罚没有任何作用，只能让狗狗疑惑不解，还会引发它的恐惧。

训练内容：

狗狗为了划分地盘要用尿液做标记，这种行为很难彻底消除。以下几个技巧能够有效地控制狗狗的这种坏习惯。

① 用清洁器具对土地进行彻底清理，主要是为了清除尿液的味道，否则狗狗会再次到这些地方做标记。不要让狗狗再到之前撒过尿的地方去，到了这些地方也不要给它吃东西或者带它玩耍。

② 随时随地注意狗狗的动向。只要发现狗狗有撒尿的迹象，立即高声喝止并带它外出到合适的地方去便便。

③ 凡是可能被狗狗做标记的东西要统统拿开，例如客人的东西与新买的东西。

预期效果：

如果长时间以来，狗狗一直都有这个坏习惯，说明这种习惯已经形成，并且很难被打破，即便做完绝育也不见得有多大改善。尤其是同时养几只狗狗，并且不止一只公狗时，这种行为极难制止，并且极难预防。

训练步骤:

① 清理被狗狗尿过的地方。不要让狗狗再接近这些地方,也不要在这些地方喂它、陪它玩。

② 发现狗狗有撒尿的迹象,立即高声喝止,并带它外出到合适的地方去便便。

③ 凡是有可能被狗狗做标记的东西要统统拿开,例如客人的东西以及家里新买的东西。

在主人身上剐蹭

训练之前

公狗与母狗都会有这种行为，不过，公狗身上更加常见。做绝育手术可以减少大多数狗狗的这种行为。

疑难解答

我家狗狗老是在填充玩具上剐蹭。

从本质上来讲，这种行为谈不上是犯错误，不过，若狗狗的这种行为令你很讨厌，可以限制狗狗接触这些玩具，每天只能玩2次。

注意!

因为压力是这些不断增加的行为的重要组成部分，所以你从狗狗的世界中移除的压力源越多，对狗狗越有益处。

训练内容：

所谓的剐蹭就是公狗在发情期的一种发泄行为。不过，狗狗也可能因为其他原因在其他东西上发泄这种情绪。例如，它们会站到家具上、填充玩具上或者其他人身上做出这种动作。有时，狗狗高兴时也会有这样的举动，这在幼犬中很常见。

① 如果狗狗对某人做出这种举动，这个人就应起身走开，这样狗狗就会明白，它的行为是不被接受的。

② 有些狗狗做出这一举动是出于强势心理，这时要对狗狗说"不可以"。

③ 最好用积极引导的方式纠正狗狗的这种行为。带狗狗做游戏或者逗它玩儿，分散它的注意力。

④ 这是把狗狗培养成"好狗狗"的良机，也能帮它吸引主人的注意力。

预期效果：

幼犬在成长的过程中会随着年龄的增长而出现这种行为。狗狗玩得高兴或者极其兴奋的时候也可能会出现这种行为。

训练步骤：

① 当狗狗剐蹭人时，这人应起身走开。

② 有些狗狗的这种行为是出于强势心理，这个时候要对它说"不可以"。

③ 要用积极的引导方式。可以逗狗狗玩，以分散它的注意力。

④ 借这一机会可以把狗狗培养成"听话的狗狗"，同时也能帮它赢得主人的注意。

对主人低吼

训练之前

低吼是一种警告。如果你不想被咬，就请立即停止当前的举动。

疑难解答

难道我不应该把玩具拿走，借此给它点教训吗？

你要尽量避免与狗狗产生矛盾冲突。狗狗的战斗行为越频繁，它下一次就越容易爆发。要用积极的引导方式进行训练。

注意！

不要因为狗狗的低吼而去惩罚它：低吼是一种交流的方式。若是惩罚它这种低吼的行为，它就会省略警告步骤，直接去咬人，如此一来，主人的麻烦就大了。

训练内容：

以下几个技巧可以帮助主人有效应对狗狗的低吼行为。

① 在食碗旁低吼：主人可以趁狗狗吃饭的时候，偶尔走过去一次，往碗里放一块狗粮。它就会明白，你过去不是为了跟它抢吃的。或者，主人也可以把食物扔到离碗比较远的地方。

② 狗狗在床上或者在床下低吼：千万不要与狗狗产生冲突。只要用食物把狗狗引出来就可以。它或许意识不到，你这是在训练它。不要直接把食物给它，先让它坐下，或者做其他动作，再把食物奖励给它。

③ 为了护住玩具或骨头而发出低吼声：用一个更好的玩具去跟它交换。

预期效果：

我们不想被狗狗咬，但也不想鼓励它这种低吼的行为。所以，我们要用积极的方式引导它。我们要把狗狗带出这种导致它低吼的情景，让它换一种行为表现，之后要对这种表现给予奖励。

训练步骤：

① 食碗旁的低吼：趁狗狗吃饭时，在它的碗里放一块狗粮。或者把食物扔到离食碗比较远的地方。

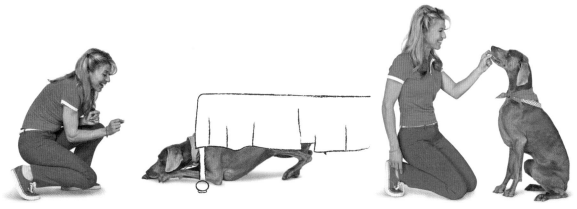

② 在床上或在床下低吼：用食物把狗狗引导出来即可，不过，不要把好吃的直接给它。先命令它坐下，再把食物给它。

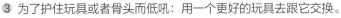

③ 为了护住玩具或者骨头而低吼：用一个更好的玩具去跟它交换。

侵略性（训练狗狗戴嘴套）

训练内容：

过去，嘴套带有某种负面含义。如今，给狗狗戴嘴套被认为是一种人性化的方式，能够让狗狗自由自在地待在公众场合中，并且不用担心它会去攻击其他狗狗或人。没错，给狗狗戴嘴套是一种负责任的行为——为了狗狗，同时也是为了公众。不过，千万不要逼着狗狗戴嘴套，而是要借助如下技巧让它心甘情愿地戴上。

① 首先，将嘴套拿出来，使其与美味的花生酱一同出现在狗狗面前。

② 在嘴套内侧抹上些花生酱。允许狗狗将嘴巴伸进嘴套中去舔食。你也可以通过嘴套前边的缝隙把零食喂给它。

③ 等狗狗适应这种体验后，再把它脑后的皮带扣住。

④ 狗狗可能会往下撕扯嘴套，这时，要立即带它出去玩儿，以分散它的注意力。

预期效果：

如果戴嘴套这件事能够与食物、散步等积极的体验联系在一起，那么狗狗就会很愿意戴嘴套。不久的将来，主人就会发现，狗狗与你出门散步玩耍的机会变多了，因为，你完全不用担心狗狗会伤到别人。

训练步骤：

① 将嘴套同花生酱一同拿到狗狗面前。

② 在嘴套里抹上花生酱，或者从嘴套前面的缝隙中喂狗狗零食。

③ 从狗狗脑后将皮带扣住。

④ 立即带狗狗出去散步，分散它的注意力。

扑咬自行车等物体

训练内容：

当有自行车、滑板、摩托车与汽车从旁边经过的时候，你家狗狗会不会开始大叫，或者直接扑上去？你越是放纵狗狗的这类扑咬行为，狗狗就越容易养成这样的坏习惯。所以，一定要通过以下几种技巧制止这一行为。

① 尽量与上述车辆保持一定远的距离。

② 你可以让物体保持静止，接着逐渐来回地移动，让狗狗适应这种物体，目的就是让狗狗对这类物体见惯不怪。

③ 再次对狗狗进行引导。当它把注意力放在车上时，你可以逗它玩或者给它零食，或者做些有意思的事情来拉回它的注意力。其实，最理想的结果是，每当它看到自行车过来时，都要回过头来看看主人的意思。

预期效果：

这种受本能驱使的行为（例如追赶）通常情况下较难控制。上述三项训练能够逐渐地帮助狗狗减少这种本能性的冲动，不过，几个月之后才能看到效果。

训练步骤：

① 距离车辆远一些。

② 主人来回移动物体，让狗狗对这类东西见惯不怪。

③ 用食物或有趣的事情把狗狗的注意力拉回来。

安全化解狗狗间的战斗

训练内容：

主人们也希望永远不会碰到狗狗打仗的场景，不过，还是要事先做好准备，以保证安全。

① 一旦发现狗狗有打架的迹象，就要立刻拍手或用喷雾水壶喷狗狗的鼻子进行阻止，防止事态恶化。

② 如果狗狗已经开战，就立即朝它们身上泼一桶水。

③ 如果两只狗狗撕咬成一团，主人应试着把它们拉开。找到挑衅的那一方（一般其嘴巴会被另一方锁住）。用脚向后拖它的后腿，看看有什么反应。它或许不会反过来咬你，不过相对而言，用脚拖比用手拉要安全些。

④ 将它的后腿抬离地面，这样就会破坏身体重心的平衡，它也就没办法攻击另一只狗了。轻轻向后拉，这样当它最终松开嘴巴时，你就可以把它从战场上拉走了。

⑤ 狗狗松开嘴时，主人得退后几步，拉着狗狗一起走开。在极端情况下，狗狗或许会将攻击情绪转移到人身上。所以，你要继续向后拉，这样狗狗就不能面朝你。你也可以拉着它原地转圈，由于离心力的缘故，狗狗的头就会从你这边转移开。

预期效果：

这种将狗狗后腿抬起来的方法很有效。不过不能着急，因为，一旦被另一只狗狗抓住时机，这只狗狗就很有可能受到伤害。两只狗狗虽然被分隔开来，但它们很有可能再次尝试开战，所以，一定要将它们彻底分开。

训练之前

两只狗狗开战之前总会有迹象可寻。所以，要时刻注意观察。

疑难解答

我很害怕……

所以，我们才要学会这几项技巧，以防万一。这种方法能够既能保护人不被狗咬到，还能立即降低进攻方狗狗的强大气势。

注意！

记住，千万不要抓狗狗的项圈，也不要把脸和手放在离狗狗嘴巴很近的地方。同样也不要打狗狗，因为，这样会惹恼它，导致更严重的后果。

训练步骤:

① 主人可以拍手或者用喷雾水壶朝狗狗喷水,这样可以防止战况愈演愈烈。

② 如果狗狗之间的战争不那么激烈,那么一桶水就可以解决问题。

③ 找出挑衅方狗狗。用脚去拖它的后腿,看它有什么反应。

④ 将它的后腿抬起来,慢慢向后拖拽。

⑤ 狗狗松开嘴巴后,要继续向后拖一段距离。

第 11 章

应该了解的常识

作为主人，提前了解普通狗狗会遇到的困境，可以减轻你的焦虑感，当你的狗狗龇牙时、鼻息变长用力吸气时，或者因为害怕而从腺体散发出恶臭时，都表明狗狗当时的情绪状态。

本章内容均以兽医与狗狗主人（包括新手与熟手）经年累月的观察为依据。希望他们的经验能帮助你省去不必要的麻烦，消除夜半访医之恼。

此外，更重要的是，本章还涉及一些有关生命安全的内容，包括对有毒物质的处理以及狗狗噎到时用于急救的海姆里克腹部冲击法等。

给狗狗做急救（噎到）

狗狗如果噎到了，主人可以尝试运用海姆里克腹部冲击法进行急救。

狗狗几乎什么都想尝一尝，大多数狗狗都是这样：骨头、玩具、鞋子、袜子等等。可是，这些东西一旦卡在了狗狗的气管里或者粘到上牙膛上，狗狗就会被噎到，主人要怎么办呢？

如果狗狗呼吸困难，它就会变得惊慌失措。如果有什么东西粘在上牙膛上，狗狗可能会把爪子伸到嘴巴里去抓。

训练步骤：

① 抬起狗狗的后腿，像手推车那样，让狗狗的头朝下。试着利用重力的作用将物体从它嘴里摇晃出来。

② 用手指在狗狗的嘴里从一侧扫到另一侧，把东西抠出来。

③ 敲打狗狗的后背。用后掌掌根在狗狗的两侧肩胛骨之间用力击打 5 下。

④ 两只胳膊搂住狗狗的腰。一只手攥成拳头，另一只手盖在拳头上。把你的拳头放在狗狗胸腔稍稍靠下较为柔软的地方。快速、用力地向上、向内猛推 3~5 下。反复 4 遍，每次 3~5 下。注意不要用力过猛。

狗狗总是有一些奇怪的举动

猛烈地倒吸气

这种现象较常发生在头颈较短的狗狗身上。这时，狗狗吸气较长且急促，站着一动不动，只顾伸着头和脖子。而且，呼吸的声音也很响。

颤牙

在狗狗上牙膛、前排牙齿后面有一块隆起，那就是锄鼻器。它能接收外激素的刺激（人不同的情绪状态会产生不同的身体气味与化学反应）。狗狗就是通过这一器官搜集其他狗狗身上的信息，进而"嗅到恐惧迹象"的。狗狗可以通过舔、呼气扩孔器或者颤牙的方式运用这一器官。一般情况下，闻到或舔到尿液的时候，狗狗就会出现这种现象。

通过肛门腺传递信息

肛门腺会散发出一种臭烘烘的油性物质，这可能用来做地盘标记、传递生化信息。这种物质有时会很黏稠，或者带有传染性，而且有时，兽医或者宠物美容师会手动帮狗狗释放这种物质（不过，更好的方法是喂狗狗无谷物配方的食物）。

咬跳蚤 / 啃玉米棒

有时，这种咬跳蚤行为是狗狗一种表达感情、自我安抚式的行为方式，它会在主人的胳膊或衣服上轻轻地咬几下，还有可能把口水流在衣服上。其实，只要主人不是特别厌恶，不用刻意去制止狗狗的这种行为。

吮吸东西

这是一种与生俱来的特点，是一种自我安慰的行为方式，狗狗可能会吮吸地毯或者鞋子之类的东西。没有必要制止狗狗的这种行为。

快速喘息

狗狗的皮肤上没有汗腺，但它可以通过脚底的肉垫排汗。它们也可以用喘息的方式来散热。狗狗喘息时可能会张大嘴，伸出舌头，也可能嘴巴张得很小，呼吸急促。

这些行为都是正常的

吃便便

狗狗吃便便是一种常见的现象，这种习惯可能遗传于其母亲为子女清理粪便的本能。据说有一些产品，狗狗吃了之后便会觉得自己的便便很臭，不过效果并不明显。

低吼 / 发出呜呜声

并非所有的低吼都带有攻击意味。有些声音听上去像是在低吼或发出呜呜声，但实际上是因为狗狗兴奋或者高兴。有些犬种（例如巴辛吉）甚至还会哼出民间小调。

打嗝

幼犬身上通常会出现这种现象，它往往发生在生活比较自在安逸的时候：呼吸、吃食、跑步，等等。

吃草和呕吐

狗狗吃草或者是想将肚子里的东西吐出来，或者就是体内需要纤维。无论哪种情况，我们都不希望看到狗狗呕吐，因为这种强烈的反应会引发身体不适，还会导致狗狗体内电解质的丢失。

在人或其他狗狗身上剐蹭

这种行为在幼犬以及性器官健全的雄性狗狗身上更为常见，其实，雌性狗狗也会有这种行为（详见第142~143页）。

绕圈跑

这是一个形容词，形容年龄更小的狗狗们极度兴奋时来回疯狂绕圈跑的现象。

挠肚皮蹬腿

主人若是抓挠狗狗的肚皮或侧面，并抓对了地方，那么狗狗的后腿就会条件反射地模仿主人抓挠的节奏一起蹬腿。

- 用沾有花生酱的药丸喂狗狗时的整个汤匙
- 烧烤炉下面铺散开的碎石子，上面沾有滴落的油滴
- 一整块完好的生牛皮骨
- 海滩或河边放着的鱼钩（上面挂着少量的鱼肉）
- 装食物的包上镶有的拉链（拉链条会堵塞狗狗的肠道）
- 毛巾
- 能发出吱吱叫的玩具
- 一次性剃须刀
- 儿童玩具
- 电池、手表电池
- 网球
- 口香糖（稍微甜一些的木糖醇毒性极强）
- 烟蒂
- 香皂条
- 石膏板
- 煮熟的骨头
- 玉米棒（很容易卡在狗狗的肠道中）
- 木棍（也经常容易卡在狗狗的嘴里）
- 垃圾箱里的便便
- 桃核 / 核
- 内衣
- 袜子
- 尿布
- 奶嘴
- 避孕套
- 女性卫生用品
- 口腔支架、假牙、助听器、耳塞
- 束发用的橡皮筋

毒性最强的 10 种物质（对狗狗而言）

1. 黑巧克力

2. 灭鼠剂 / 杀虫剂：

   包括驱蚊的药剂。

3. 木糖醇：

   诸多产品中（包括无糖口香糖、一些牌子的花生酱、牙膏）含有的一种有毒的甜味剂。

4. 非甾体抗炎药（布洛芬，萘普生等）：

   可能会导致狗狗呕吐、溃疡、肾衰竭。

5. 葡萄和葡萄干：

   可能导致狗狗肾衰竭。

6. 家用清洁剂：

   一些浓缩的产品，如厕所、烤箱与下水道清洁剂，如果被狗狗舔食，有可能会导致化学烧伤。

7. 对乙酰氨基酚（泰诺）：

   这种药物毒性极强，通常会对肝脏造成不可修复的损伤。

8. 化肥：

   千万要小心，不能让狗狗到上过化肥的草地上走，之后也千万不能让狗狗舔爪子。

9. 蘑菇：

   院子里有些蘑菇的毒性极强，甚至会导致狗狗死亡。

10. 玉米棒：

    可能导致狗狗肠道阻塞。

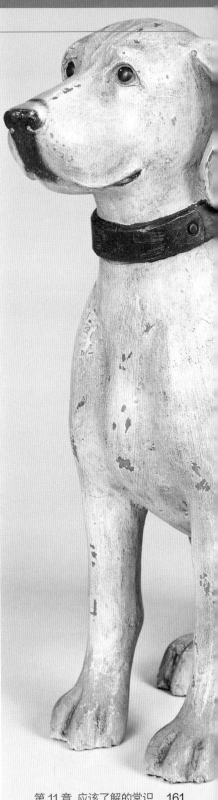

毒性稍强的物质

- **防冻剂：**

  狗狗吃着口感好，但是毒性很强。

- **聚氨酯胶：**

  狗狗吃着口感好，但胶水会在它们的肠道中凝结成块。

- **生肉、生鸡蛋和生骨头：**

  这些物质中含有沙门氏菌和大肠杆菌。生鸡蛋还会影响维生素 B 的吸收，导致皮肤和皮毛方面的疾病。

- **酵母面团：**

  这种物质会在狗狗的消化系统中引起胀气，引发肠胃痉挛，这是一种危及生命的紧急情况。

- **啤酒花（自家酿啤酒时所用）：**

  这是一种毒性很强的物质，消化吸收 6 小时内就能致死。

- **洋葱、大蒜、细香葱：**

  大量食入这些食物会刺激狗狗的胃肠，并造成红细胞损伤。

- **椰子汁：**

  其中含有大量的钾，不应该喂给狗狗喝。

- **澳洲坚果：**

  会导致狗狗呕吐。

- **牛奶和奶制品：**

  会导致腹泻。

- **坚果（包括杏仁、山核桃和胡桃）：**

  这些物质含有大量的油和脂肪，狗狗大量食入会导致其患上胰腺炎。

致 谢

模特：感谢我们这几只漂亮、有才华又十分耐心的狗狗：金巴（Kimba，红鼻子的魏玛犬）、杰迪（Jadie，同样是魏玛犬）、邦尼（Bonny，西施犬）、彭妮（Penny，吉娃娃）、拉斯蒂（Rusty，金毛寻回犬）；还有我们专业的猫咪：尼尔（Neil，波斯猫）。还要感谢我们可爱的儿童模特：梅洛迪·里查（Melody Rischar）；以及我们英俊帅气的男模特兼摇滚明星：兰迪·巴尼斯（Randy Banis，凯拉的丈夫）。

摄影师：克里斯蒂安·阿里亚斯（Christian Arias，Slickforce 工作室，www.slickforce.com）

还要感谢我们的驯狗大师：克莱尔·多尔（Claire Doré）和乔吉·马丁（Jorgi Martin），以及那只精致小巧的绿色狗狗脖套。

凯拉·桑德斯，世界知名驯狗师、讲师兼国际畅销书作家。其所著图书印刷量达 100 多万册，凯拉的获奖图书、相关装备以及录制的 DVD 激励着全世界的宠主们决心与狗狗建立起愉快、良好的关系。

凯拉拥有几十年的专业驯狗经验，她所总结的方法简单易行、循序渐进，是最有效、最为人性化的训练方法。这种积极的方式能够建立起狗狗的自信心，身心愉快的狗狗一经鼓舞便能做出正确的举动，而心存恐惧的狗狗则会一味地犯错。

凯拉是一位专业表演人员，她和她的魏玛犬在为摩洛哥国王表演秀中担当主角，还参加了迪斯尼的好莱坞舞台剧，马戏团，也参加过 NBA 中场表演、《今夜秀》（Tonight Show）、《艾伦秀》（Ellen）、《动物星球》（Animal Planet）等节目，还参演了多部电影及其自导自演的系列电视剧。凯拉专门为影视狗狗做训练，并在全国性的竞技犬运动中名列前茅。她的驯狗工作室遍布世界各地，她的满腔热情激励宠主们与狗狗建立起和谐、愉快的关系。

凯拉是 Do More With Your Dog 的首席执行官！是全国驯狗比赛冠军得主，也是驯犬协会的主席。

此外，她热爱跑步，曾参加 56 千米山地超级马拉松项目，她喜欢跟狗狗及其摇滚明星丈夫兰迪在加利福尼亚莫哈维沙漠的农场中共同度过愉快时光。